essentials

essentials liefern aktuelles Wissen in konzentrierter Form. Die Essenz dessen, worauf es als „State-of-the-Art" in der gegenwärtigen Fachdiskussion oder in der Praxis ankommt. *essentials* informieren schnell, unkompliziert und verständlich

- als Einführung in ein aktuelles Thema aus Ihrem Fachgebiet
- als Einstieg in ein für Sie noch unbekanntes Themenfeld
- als Einblick, um zum Thema mitreden zu können

Die Bücher in elektronischer und gedruckter Form bringen das Expertenwissen von Springer-Fachautoren kompakt zur Darstellung. Sie sind besonders für die Nutzung als eBook auf Tablet-PCs, eBook-Readern und Smartphones geeignet. *essentials:* Wissensbausteine aus den Wirtschafts-, Sozial- und Geisteswissenschaften, aus Technik und Naturwissenschaften sowie aus Medizin, Psychologie und Gesundheitsberufen. Von renommierten Autoren aller Springer-Verlagsmarken.

Weitere Bände in der Reihe http://www.springer.com/series/13088

Christine Kohlert

Die Kartentechnik als erfolgreiches Visualisierungstool

Hilfe zur Arbeitsstrukturierung

Christine Kohlert
München, Deutschland

ISSN 2197-6708 ISSN 2197-6716 (electronic)
essentials
ISBN 978-3-658-31834-5 ISBN 978-3-658-31835-2 (eBook)
https://doi.org/10.1007/978-3-658-31835-2

Die Deutsche Nationalbibliothek verzeichnet diese Publikation in der Deutschen Nationalbibliografie; detaillierte bibliografische Daten sind im Internet über http://dnb.d-nb.de abrufbar.

Planung/Lektorat: Frieder Kumm
Springer Vieweg ist ein Imprint der eingetragenen Gesellschaft Springer Fachmedien Wiesbaden GmbH und ist ein Teil von Springer Nature.
Die Anschrift der Gesellschaft ist: Abraham-Lincoln-Str. 46, 65189 Wiesbaden, Germany

Was Sie in diesem *essential* finden können

- Kennenlernen der Hintergründe und der Entstehung von „problem seeking"
- Basics der Methode der Kartentechnik – basierend auf „problem seeking"
- Vorgehensweise sowie die einzelnen Arbeitsschritte
- Tools und Methodik „Kartentechnik"
- Vorzüge dieser Methode in Workshops
- Erlernen der Methodik „Gesprächsvisualisierung"
- Visuelle Begleitung von Interviews
- Tool zur Strukturierung der eigenen Arbeit
- Beispiele aus der Praxis
- Einsatzgebiete für die Kartentechnik
- Projekte erfolgreich durchführen durch frühzeitige Einbeziehung der Nutzer

Ein Hinweis vorab: Aus Gründen der besseren Lesbarkeit wurde auf die gleichzeitige Verwendung männlicher und weiblicher Sprachformen im gesamten Buch verzichtet. Sämtliche Personenbezeichnungen gelten gleichermaßen für alle Geschlechter.

Vorbemerkung

Die Methode der Kartentechnik geht auf den geschützten „Problem Seeking®" Prozess, den William Peña entwickelt hat, zurück. In Deutschland wird diese Methode unter dem ebenfalls geschützten Begriff „Programming®" im Büro HENN angewandt.

Gunter Henn hat die Methode „Problem Seeking®" in den USA kennengelernt und mit nach Europa gebracht. Er hat sie in seinem Büro HENN weiterentwickelt und sich den Namen „Programming®" schützen lassen. Die Autorin war von 1993–2007 im Büro HENN als Architektin tätig, hat am MIT Forschungsprojekte betreut und war an der Technischen Universität Dresden von 2001–2007 am Lehrstuhl von Prof. Dr. Gunter Henn als Assistentin tätig. Sie lernte die Methode und vor allem ihren Wert im Büro HENN kennen und nutzt sie seit dieser Zeit selbst, unterrichtet sie und ist und bleibt selbst eine begeisterte Anwenderin der Kartentechnik. Sie ist von jeder Art von Visualisierungstechniken absolut überzeugt und setzt diese in unterschiedlichsten Kontexten ein.

Im Buch wird der Begriff Kartentechnik verwendet, der auf der Idee von „problem seeking®" basiert. Die Autorin hat sowohl mit William Peña und Steven Parshall persönlich gearbeitet als auch mit Gunter Henn. Für das Buch bezieht sie sich sowohl auf ihre Arbeit in verschiedenen Büros als auch auf die vorhandene Literatur sowie ihre eigene Erfahrung mit der Methode, auch im Ausland.

Alle Texte sind eigene Erkenntnisse aus der langjährigen Erfahrung der Autorin mit der Kartentechnik. Etwaige Fehler liegen allein bei der Autorin. Zur besseren Erläuterung sind die Grafiken einerseits per Hand, aber auch mit dem Computer erstellt. Sowohl im Büro HENN als auch bei allen anderen Büros, wie DEGW, rheform, RBSGROUP und Drees & Sommer, in denen die Autorin gearbeitet hat, war sie maßgeblich beteiligt an der grafischen Umsetzung der

Symbolik am Computer. Während der Workshops wird immer per Hand vor Ort beim Kunden, ohne technische Hilfsmittel, gearbeitet.

Inhaltsverzeichnis

Über die Autorin

Prof. Dr.-Ing. Christine Kohlert studierte Architektur und Städtebau an der Technischen Universität München (TUM), schloss die Ausbildung zur bayerischen Regierungsbaumeisterin mit dem Staatsexamen ab und promovierte an der Universität für europäische Urbanistik in Weimar. Sie hat eine Professur an der Mediadesign Hochschule in München und unterrichtet Baumanagement an der der Fachhochschule Augsburg. Am MIT (Massachusetts Institute of Technology) betreute sie 12 Jahre lang als Research Affiliate verschiedene Forschungsprojekte und leitete Seminare zu Raum und Organisation sowie zu Innovation.

Sie beschäftigt sich seit über 30 Jahren mit Lern- und Arbeitswelten der Zukunft, insbesondere mit dem Zusammenspiel von Raum und Organisation. Ihre Schwerpunkte liegen in der Einbeziehung der Nutzer in den Entstehungsprozess, dem Sichtbarmachen von Veränderungsprozessen, sowie der Raumanalyse.

Sie ist Autorin von mehreren Büchern. 2018 veröffentlichte sie zusammen mit Scott Cooper das Buch „Space for Creative Thinking – Design Principles for Learning and Working". Christine Kohlert berät und begleitet Hochschulen und Organisationen bei der Entwicklung von Strategie und Vision und leitet und führt begleitende Workshops und Exkursionen durch. Sie ist in verschiedenen Gremien und hat die wissenschaftliche Leitung von Konferenzen. Von 2016 bis 2020 erforschte sie gemeinsam mit Verbundpartnern aus Forschung und Praxis im Projekt PRÄGEWELT („Präventionsorientierte Gestaltung neuer Arbeitswelten", www.praegewelt.de), wie Open Space Arbeitswelten ressourcenorientiert und gesundheitsförderlich gestaltet werden können.

Als Architektin war sie für renommierte Kunden, unter anderem in den USA, Großbritannien, China, Schweden und Osteuropa tätig. Als Assistentin am Lehrstuhl für Industriebau von Prof. Gunter Henn leitete sie an der Technischen

Universität Dresden Seminare und unterrichtete dort auch die Methode der Kartentechnik. Sie lebte drei Jahre in Tansania sowie ein Jahr im Kosovo und lehrte an den dortigen Universitäten und betreute „summer university“ Projekte. Sie arbeitete für die Gesellschaft für technische Zusammenarbeit (GTZ jetzt GIZ), die Friedrich Ebert Stiftung, Cultural Heritage without Borders (CHwB) sowie die Deutsche Botschaft und leitete verschiedene Stadtentwicklungsprojekte. Außerdem betreute sie im Rahmen des Lehrplans (UNESCO) Entwicklungsprojekte in Tansania.

1 Einleitung

Menschen in Organisationen, ob Führungskraft oder Mitarbeiter, wissen am besten Bescheid über Probleme, Herausforderungen und Chancen in ihrem Arbeitsumfeld. Deshalb ist es so wichtig, sie aktiv und von Anfang an sowohl in Analysephasen sowie bei der Erstellung von Anforderungsprofilen mit einzubeziehen. Dazu eignen sich ganz besonders visuelle Methoden, sodass jeder leicht erkennen kann worüber geredet wird, was schon diskutiert wurde oder wo man gerade steht. Ein Tool, das sich hervorragend dafür eignet ist die hier vorgestellte Kartentechnik, die auf die „problem seeking®" Methode zurückgeht.

Alle gesammelten Ideen und Meinungen können in die Lösungsfindung mit einbezogen werden, der gesamte Prozess wird transparent für alle visualisiert und man stellt sicher, dass alle Meinungen gehört werden und Ideen nicht verloren gehen. Mitarbeiter, die die Möglichkeit bekommen, diesen Prozess aktiv mit zu gestalten, werden zu Unterstützern des Projektes und sichern somit den Gesamtprojekterfolg und erhöhen damit die Akzeptanz des Ergebnisses. Darüber hinaus sind sie zufriedener, da sie gefragt wurden und werden zu aktiven Begleitern von Veränderungsprozessen.

Die oft unklaren Vorgaben von Unternehmen und Verwaltungen zu Projektzielen, Problemfeldern und Anforderungen können durch die Kartentechnik sehr gut erkannt, analysiert und evaluiert und gegebenenfalls geschärft werden. Visualisierung schafft Transparenz, Vertrauen und gemeinsames Verständnis. Alle Wissensträger sind so von Anfang an in das Projekt und seine Entstehung nicht nur mit einbezogen, sondern ein aktiver Teil des Vorhabens.

Die Kartentechnik sollte bereits zu Beginn eines Projektes angewandt werden, um eine solide Planungsgrundlage für das spätere Projekt zu erhalten. Im Falle von Bauprojekten oder Raum-/Bürokonzepten dient die Kartentechnik zur Erstellung von Raum- und Funktionsprogrammen, Flächenzuordnungen und zum

C. Kohlert, *Die Kartentechnik als erfolgreiches Visualisierungstool*, essentials,
https://doi.org/10.1007/978-3-658-31835-2_1

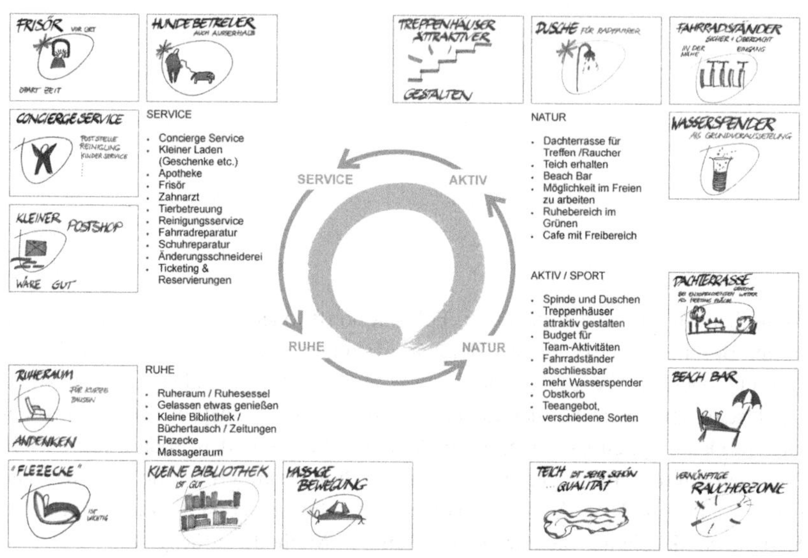

Abb. 1.1 Wünsche der Mitarbeiter, die in einem Workshop abgefragt wurden

Spezifizieren von Nutzerbedarfen, auch im Zuge einer Mieterausbau- oder Belegungsplanung, um so die Bedarfe der Raumplanung umsetzen zu können. Dabei darf man auch nicht aus den Augen verlieren, dass Bedarfsplanung im Baubereich viel mehr ist, als nur Raum- und Flächenlisten zu erstellen. Gerade in der heutigen Zeit, in der immer mehr Wert gelegt wird auf Zufriedenheit, Wellbeing und Gesundheit am Arbeitsplatz, stellen die qualitativen Bedürfnisse, neben den quantitativen, einen ganz wesentlichen Faktor für das Wohlfühlen, die Motivation und damit auch die Leistungsfähigkeit am Arbeitsplatz, dar. Gerade diese weichen Faktoren können mit der Kartentechnik besonders gut erfasst werden. In Abb. 1.1 ist ein Chart abgebildet, auf dem die zusätzlichen Wünsche der Mitarbeiter abgebildet sind. Diese wurden im Rahmen einer Bedarfsplanung für ein neues Headquarter abgefragt, anschließend unter verschiedenen Kriterien sortiert und an die Führung übermittelt. Diese setzte dann anschließend einige dieser Wünsche um und war erstaunt welche, oft auch einfache und leicht zu erfüllende Bedürfnisse Mitarbeiter haben. Wichtig ist dabei nur, dass man danach frägt, sich dafür interessiert und bereit ist darauf einzugehen. Ein wichtiger Schritt für das Wohlfühlen im Unternehmen.

Darüber hinaus ist die Kartentechnik ein ausgezeichnetes Visualisierungstool, das nicht nur im Bereich Bauprojekte eingesetzt werden kann, sondern überall dort, wo Menschen mit einander diskutieren, sich austauschen, Ideen sammeln und schnell alle Aspekte visualisieren und transparent machen müssen, um Entscheidungen besser und fundierter treffen zu können. Auch um die eigene Arbeit zu strukturieren und die Komplexität unserer heutigen Welt besser meistern zu können, eignet sich diese Methode hervorragend.

Aus aktuellem Anlass ist auch ein Beispiel gezeigt, wie man die Kartentechnik virtuell durchführen kann. Die Welt verändert sich – ausgelöst durch die Reisebeschränkung aus Gründen der Pandemie – man reist weniger und hat erkannt, dass einiges auch per Videokonferenzen durchführbar ist. Auch die Kartentechnik ist virtuell machbar und man kann online Workshops begleiten. Die Grafiken lassen sich in Programmen wie Mural oder Whiteboard von Hand erstellen und können so den Teilnehmern online zur Verfügung gestellt werden. Mit Programmen wie doodly lassen sich eigene Grafiken einladen, mit denen man beispielsweise einen Film erstellen kann, der den Workshop mit den Visualisierungen begleitet und anschließend allen Beteiligten zur Verfügung gestellt werden kann.

2 Hintergrund der Methode

William Wayne Caudill war einer der Gründer des Architekturbüros Caudill Rowlett Scott (CRS) in Houston, Texas, USA im Jahr 1946. 1983 fusionierte es mit der Ingenieurfirma J.E. Sirrine, und der Name des Unternehmens wurde in CRSS umbenannt. Die Firma entwarf als eine der größten Architekturorganisationen des Landes Häuser, Schulen, Krankenhäuser, Kirchen sowie gewerbliche und öffentliche Gebäude. Ursprünglich in College Station angesiedelt, war das Büro schließlich in Houston ansässig. Bill Caudill führte einen teambasierten Ansatz für das architektonische Design im Büro ein.

William Merriweather Peña, der 1948 von Caudill eingestellt wurde, war der erste Mitarbeiter des Büros. Im Jahr 1949 wurde er zum Partner ernannt. 1954 schrieb er mit Caudill zwei Artikel über Schularchitektur: „What Characterizes a Good School Building" für Schulleiter und „Color in the Classroom" für das Journal of the Royal Architectural Institute of Canada. Im Mai 1959 veröffentlichte er zusammen mit Bill Caudill einen Artikel in der „Architectural Record" mit dem Titel „Architectural Analysis – Prelude to Good Design". Sie waren der Meinung, dass der Entwurfsprozess verbessert werden kann, indem man die richtigen Fragen zur richtigen Zeit stellt. Außerdem verstanden sie schon damals Architektur als Teamaufgabe, mit den Bauherren und Nutzern, als aktiven Teammitgliedern. Sie verstanden, dass es am besten ist, die Nutzer so schnell und so gut wie möglich in das Projekt zu involvieren und dass man dazu einen Prozess benötigt, der garantiert, dass alle sinnvoll einbezogen werden und alle Ideen frühzeitig und für alle zufriedenstellend in das Projekt einfließen können. Deshalb entwickelten sie zusammen den „problem seeking Prozess" für das Büro CRS (später CRSS) und William war sehr zufrieden wie sich dieser Prozess etabliert hat und ein wichtiger Teil des Architekturentwurfsprozesses wurde.

C. Kohlert, *Die Kartentechnik als erfolgreiches Visualisierungstool*, essentials,
https://doi.org/10.1007/978-3-658-31835-2_2

Die Methode des „problem seeking“, die von Peña in den 1960er Jahren entwickelt und 1969 veröffentlicht wurde, hatte ihre Wurzeln im Bauboom der Nachkriegszeit, der damals in den Vereinigten Staaten stattfand. Die verwendete Grafik ging auf Bill Caudill zurück, der bereits 1950 einen Artikel zu „Architectural Analysis“ geschrieben hatte. Peña favorisierte und förderte das Konzept des „architectural programming“ (architektonische Programmierung). Dabei werden Überlegungen, Materialien, Ziele und eine Problemstellung von Analytikern (Programmern) formuliert (problem seeking), die dann durch „problem solving“, einen Entwurf, von Architekten gelöst – also in eine Lösung, ein Gebäude umgesetzt wird.

Die Methode des „Problem Seeking“ definierte er als „einen Prozess, der eine generelle Richtung vorgibt, die der Entwurf eines Gebäudes nehmen sollte, nachdem die Ziele und Bedürfnisse des Bauherrn bestimmt wurden“. Er schrieb die erste Ausgabe von „Problem Seeking: Eine architektonische Programmierfibel“ im Jahr 1969 mit dem CRS-Programmierer, John Focke, um den Prozess zu dokumentieren. Seine Konzepte wurden 1973 in den National Council of Architectural Registration Boards (NCARB) aufgenommen, und die dritte mit Kevin Kelly und Steven Parshall verfasste Ausgabe wurde 1987 vom American Institute of Architects (AIA) veröffentlicht. Das Buch ist heute ein Standard-Architekturlehrbuch in den USA. 1978 schrieb er zusammen mit William Wayne Caudill und Paul Kennon das Buch „Architecture and You: How to Experience and Enjoy Buildings“.

1977 erschien sein Buch „Problem Seeking II“ zusammen mit HOK (Hellmuth, Obata + Kassabaum) und zehn Jahre später, 1987 „Problem Seeking III“. Im Vorwort dazu schrieb William Peña, dass er diese Methode entwickelt hat, in dem er einerseits auf eigene Erfahrungen in über 1400 Projekten zurückblickt, andererseits in die Zukunft, um ein gut organisiertes und praktikables Bezugssystem zu entwerfen, das man in unterschiedlichsten Projekten verwenden kann.

1994 kaufte das US-amerikanische Architekturbüro Hellmuth, Obata + Kassabaum (HOK) die Firma. Diese unterhält seither eine eigene Abteilung für „problem seeking“ an allen Standorten und versammelt regelmäßig alle Mitarbeiter, um alle auf dem gleichen Wissensstand zu halten, sich auszutauschen und sich gemeinsam in ihren Methoden weiterzubilden. Auf Abb. 2.1a ist eines dieser Treffen, im Jahr 1998, mit William Peña in Aktion abgebildet und die gemeinsame Mittagspause dieses 2-tägigen Methoden-Workshops zusammen mit der Autorin (Abb. 2.1b).

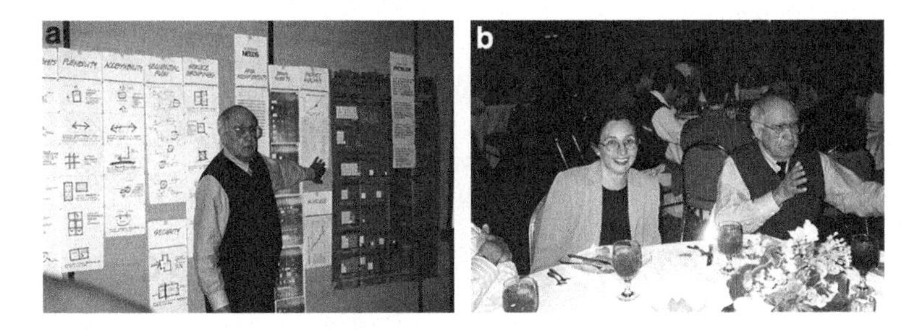

Abb. 2.1 **a, b** William Peña, HOK Workshop in Houston, zusammen mit der Autorin, 1998

Etwa gleichzeitig, 1966, signalisierte das American Institute of Architects (AIA) ebenfalls Interesse in „facility programming" und publizierte eine Broschüre „Emerging Techniques of Architectural Practice" und kurz darauf eine weitere Broschüre „Emerging Techniques 2: Architectural Programming". Dieses 2. Buch, das ebenfalls 1969 erschien, zeitgleich mit William Peñas Buch, enthielt im Großen und Ganzen einen Katalog von Programming Techniken und konstatierte, dass „programming" in der Verantwortung des Bauherren liegt. Der Architekt sollte anschließend daraus sein Architekturprogramm entwickeln und daraus eine Architekturlösung. Im Gegensatz dazu war Peñas „Problem Seeking" der erste Versuch die Zusammenstellung des Programms und den Prozess dazu bereits in die Hand des Architekten zu legen. Dazu entwickelte er nicht nur Listen, sondern eine visuelle Methodik, durch die alle den Diskussionen folgen können und jederzeit verstehen was diskutiert wird.

Viele verschiedene Ansätze wurden vor allem im angelsächsischen Raum entwickelt und weiter erforscht. Besonders „The Environmental Design Research Association" (EDRA), gegründet ebenfalls 1969, beschäftigte und beschäftigt sich intensiv mit dem Thema und veröffentlichte immer wieder Texte dazu. Besonders zu nennen ist hier Wolfgang Preiser und Henry Sanoff, einer der Gründerväter von EDRA.

Die Methode ist in den USA wesentlich bekannter als in Europa. Hier erkannte man schon in den fünfziger Jahren die Bedeutung der Planer, die gerade bei komplexen Aufgaben systematisch bei den Bedürfnissen der Menschen ansetzen. Als Begriff für die Bedarfsplanung setzte sich dort „Programming" oder „Facility Programming" durch. (Kuchenmüller 1997). Dort wird es auch an allen Architekturschulen geschult. Auch in England ist sie unter dem Begriff „Briefing" Bestandteil der Architektenausbildung. In Deutschland verwendet vor allem das Büro HENN die Methode unter dem geschützten Namen „Programming®". Gunter Henn lernte die Methode 1987 in den USA bei einem Projekt kennen

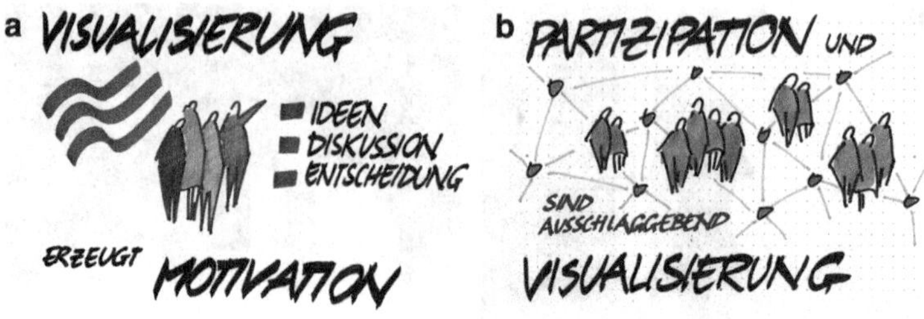

Abb. 2.2 **a, b** Visualisierung und Partizipation schaffen Motivation und sind ausschlaggebend

und erkannte wie wichtig so eine Visualisierungstechnik für die Zusammenarbeit zwischen Nutzern und Planern ist. Schon William Peña sah diesen unschätzbaren Wert in der Verbindung von kurzen Texten mit Piktogrammen, die gewährleisten, dass jeder das gleiche Bild vor Augen hat. Nicht umsonst heißt es: „Ein Bild sagt mehr als 1000 Worte".

„Problem Seeking" ist ein strategisches Analysewerkzeug, das für die unterschiedlichsten Aufgaben verwendet werden kann und das schon ganz zu Anfang, bereits vor Planungsbeginn eingesetzt werden sollte. Um zu einer guten und richtigen Lösung zu kommen, muss die Aufgabe, das Problem, erkannt und ausführlich und vollständig analysiert und evaluiert werden. Dies ist die Aufgabe von „Problem Seeking" – der ausführlichen Problemsuche. Abstrakte Prinzipiendarstellungen helfen das Problem zu erkennen und an Konzepten für eine Lösung zu arbeiten. Dieser visualisierte Denkraum wird zu einer Plattform des Dialogs zwischen allen Beteiligten. Durch die anschauliche bildliche Darstellung der Aufgabe gelingt es, die Anforderungen in ihrer ganzen Komplexität frühzeitig zu erkennen und in den Planungsvorgang einzubeziehen. Darüber hinaus werden wichtige Wissensträger frühzeitig und nicht erst unter Entscheidungsdruck einbezogen, sondern sind richtungsweisend von Anfang an involviert und motiviert (Abb. 2.2a).

Durch die Kartentechnik wird diese ganzheitliche Betrachtung bereits bei Projektbeginn möglich und gewährleistet die Bewältigung der Komplexität der Aufgabe mit ihrer ganzen Informationsfülle.

In diesem Buch wird die Kartentechnik als Methode erläutert, basierend auf Peñas „Problem Seeking®" Ansatz. Dabei geht es um die Anwendung der Methode, nicht nur in der Bauplanung, sondern generell für Workshops, Diskussionsrunden und überall dort, wo Menschen Ideen entwickeln und sich austauschen. Die Visualisierung hilft ihr Denken zu strukturieren, zusammenzufassen und zu dokumentieren.

3 Voraussetzungen für die Anwender der Methode

Man sollte gut mit Zahlen umgehen können und darüber hinaus auch noch über einige andere Eigenschaften verfügen. Vor allem muss man sich für Menschen interessieren, ihre Hoffnungen, ihre Befürchtungen, ihre Arbeitsprozesse und ihre Bedürfnisse. Man muss ein guter Zuhörer sein, wichtige Dinge herausfiltern können und vor allem gute Ideen erkennen, wenn diese auftauchen und diese weiter verfolgen.

Eine gute und richtige Anwendung der Kartentechnik ist, genauso wie Architektur, sowohl eine Kunst wie auch eine Wissenschaft. Als guter Zuhörer muss der, der diese Methode anwendet, auch den größeren Kontext und die weiteren Zusammenhänge des Projekts verstehen und gleichzeitig das Individuum und seine Rolle und Aufgabe im Projekt wertschätzen. Im günstigsten Fall ist man eine Mischung aus Psychologe, Anthropologe, Consultant, Künstler, Architekt und Mathematiker – einfach interessiert und begeistert an allem. Man sollte klar denken können und in der Lage sein, unterschiedlichste Disziplinen zu vereinen und zu vernetzen. Ganz einfach, Menschen sollten einem wichtig sein und man sollte bereit sein, die anderen zu akzeptieren, wie sie sind und sich persönlich auch zurücknehmen können.

Eine Voraussetzung für eine gute Durchführung der Methode ist es, sich selbst über die eigenen Denkprozesse klar zu werden. Dieses Bewusstmachen wie das eigene Gehirn funktioniert, erleichtert es, sich in andere Menschen, ihre Denkprozesse und Denkstrategien hineinzuversetzen. Die Anwender der Methode müssen vielseitige Denker und auch in der Lage sein, ihren Denkprozess auf den jeweiligen Anlass anzupassen. Jeder weiß. wie schwierig es ist so zu kommunizieren, dass jeder das gleiche versteht und vor Augen hat. Dafür sind die einfachen Piktogramme wie geschaffen, jeder sieht dasselbe und versteht auf Anhieb was gemeint ist – oder kann es gegebenenfalls korrigieren. Es ist wichtig abstrakt und klar zu

C. Kohlert, *Die Kartentechnik als erfolgreiches Visualisierungstool*, essentials, https://doi.org/10.1007/978-3-658-31835-2_3

denken und konkrete Vorstellungen für vorzeitige Lösungen zu vermeiden, bevor nicht alle wesentlichen abstrakten Ideen durchdacht sind.

Man muss vielseitig sein und in die verschiedensten Richtungen denken, vor allem aber in der Lage sein, sich auf andere einzulassen und deren Denkrichtungen zu folgen und diese zu verstehen. Dabei ist es auch wichtig den Kontext zu verstehen. Probleme tauchen nie isoliert auf, sie sind immer in ein größeres Ganzes eingebettet, deshalb muss man zur Quelle des Problems durchdringen und die Dinge immer wieder und weiter hinterfragen.

Anwender müssen kritisch denken und folgende Punkte beachten (vgl. Piotrowski 2011):

- wissbegierig und immer offen für Neues sein
- keine Angst haben, ev. auch „dumme" Fragen zu stellen
- sich nicht verunsichert fühlen, wenn man etwas nicht weiß oder versteht
- Informationen objektiv bewerten
- Informationen nicht glauben, ohne sie selbst hinterfragt zu haben
- erkennen, dass schnelle Entscheidungen selten richtig sind

und immer daran denken, dass man für den Bauherren und die Nutzer die Bedarfe ermittelt und NICHT für sich selbst.

Es ist wichtig die richtigen Fragen zu stellen und daran zu denken, dass Menschen nicht immer sagen, was sie denken und manchmal antworten sie das, was der Interviewer hören möchte. D. h. man muss oft mehrere Fragen stellen und ausdauernd sein, um die komplette Antwort zu bekommen. Man sollte einfache, leicht verständliche Fragen stellen, die nicht zu kompliziert sind und die die Leute auch gut beantworten können. Und nicht vergessen, man lernt mehr durch zuhören als durch reden. Besonders Zuhören gibt dem Gegenüber das Gefühl ernst genommen zu werden und zeigt, dass man sich für ihn interessiert. Als aktiver Zuhörer versucht man, das Gesagte zu verarbeiten, um die großen Ideen zu identifizieren und die untergeordneten Ideen diesen richtig zuordnen zu können.

Eine gute Methode, die richtigen Informationen zu bekommen ist es mit Basisfragen zu starten und immer wieder intensiv nachzufragen – Was? Wer? Wo? Wie? Wie viel? Wann? Warum? Was wenn? … Außerdem sollte man immer nachhaken, wenn Allgemeinplätze genannt werden, wie beispielsweise, das Ziel zufriedene Mitarbeiter. Dann sollte man nachfragen, was bedeutet das, was macht Mitarbeiter zufrieden, welche Bedingungen und Voraussetzungen muss ein Arbeitsplatz erfüllen, damit Mitarbeiter zufrieden sind. Auch muss unbedingt vermieden werden, bereits in dieser Phase Lösungs- oder architektonische Details zu diskutieren, es geht vor allem um Prozesse, Arbeitsweisen und wie Dinge in Zukunft gemacht werden sollen, es geht nicht darum, bestehende Systeme abzubilden, sondern sich die zukünftigen vorzustellen und „visionär“ in die Zukunft zu blicken.

Für diese Methode der Kartentechnik ist es wichtig, wertvolle und für das Projekt relevante Informationen aus all den verfügbaren Informationen herauszudestillieren. Es geht darum, unter Berücksichtigung aller möglichen Schlussfolgerungen, die richtigen und wichtigsten zu ziehen. Schon vor Planungsbeginn werden, beispielsweise in einem Architekturprojekt, die spezifischen Designkriterien zusammen mit dem Kunden festgelegt, vor Beginn des eigentlichen Architekturkonzeptes. Vor allem aber geht es in einem guten Prozess darum, herauszufinden was ein Projekt leisten muss und nicht so sehr wie es aussehen sollte.

Diese Methode ist so etwas wie die menschliche Seite des Projektes/der Architektur und fördert Einsichten, die einem helfen die Aufgabe, Projekte oder Gebäude zu gestalten, die wirklich sinnvoll und nützlich sind für die Menschen. Dabei darf man nicht vergessen, dass jedes Projekt anders ist, man hat mit unterschiedlichen Kunden, Bauherren und Nutzern zu tun und einer Vielzahl von verschiedensten und ganz unterschiedlichen Aufgaben. Die Kartentechnik verhilft nicht nur zu richtigen und passgenauen Projekten, sie ermöglicht und verhilft auch zu einer guten und stimmigen Vision zum Wohle unserer Gesellschaft.

4 Vorgehensweise im Projekt

Strukturierung und Prinzipien

William Peña legte eine strukturierte Vorgehensweise für „Problem Seeking®“ fest. Die einzelnen Schritte dabei sind:

- Ziele aufstellen und definieren
- Fakten sammeln, ordnen und analysieren
- Konzepte aufdecken und testen
- Bedarfe bestimmen
- Problem benennen

Diese Schritte werden jeweils durch 4 Kategorien beeinflusst, die die spätere Architektur ganz wesentlich bestimmen: Form, Funktion, Wirtschaftlichkeit und Zeit.

Carsten Schnorr (Schnorr 2002) erweitert dies in seinem Buch „Architectural Programming“ um eine weitere Kategorie von Erwartungen, die Ökologie:

- Form: Städtebauliche Anpassung und Ästhetik,
- Funktion: Funktionserfüllung und Zweckmäßigkeit
- Ökologie: Energiesparende Bauweise und Ökologische Baustoffauswahl
- Wirtschaftlichkeit: Geringe Gesamtkosten (Erst- und Folgekosten)
- Zeit: Termingerechte Fertigstellung und Zukunftsfähigkeit

Für Peña war eines ganz wesentlich, er war absolut strikt mit der Reihenfolge: zuerst das Problem erkennen und dann eine passende Lösung dafür finden. Für ihn kann man ein Problem erst lösen, wenn man es genau kennt. „Seek and you shall design“. (Peña und Parshall 2012, Problem Seeking S. 5) Die wesentliche

C. Kohlert, *Die Kartentechnik als erfolgreiches Visualisierungstool*, essentials,
https://doi.org/10.1007/978-3-658-31835-2_4

Idee für „Problem Seeking®" ist die Suche nach ausreichenden Informationen, um das Problem zu klären, zu verstehen und zu formulieren.

Es gibt mittlerweile unterschiedliche Vorgehensweisen, die sich in den Einzelschritten zwar unterscheiden, jedoch ist der Prozess bei allen stark an diese Vorgehensweise angelehnt. Was Peña von anderen unterscheidet ist die klare Verbindung zur Problemlösung durch den letzten Schritt, die Aufgabenstellung, der eine Brücke zur Architektur schlägt.

Zwei weitere Ansätze sollen hier noch kurz erwähnt werden. Einerseits das Format der Dokumentation für ein „Architectural Programming" nach Robert Kumlin (Kumlin 1995), der eine Checkliste für wesentliche Programmelemente zusammenstellte. Diese Checkliste umfasst die folgenden Punkte:

- Festlegung der Prioritäten
- Themen, Programmziele und -konzepte
- Raumstandards
- Organisationscharts
- Raumlisten
- Zugehörigkeiten und Gruppierungen
- Flussdiagramme
- Raumdatenblätter
- Kriterien für die Architektur und die Ingenieurleistungen (z. B. Umweltanforderungen)
- Gesetze, Verordnungen, Regelungen
- allgemeine Kriterien und Standards (in Bezug auf das Projekt als Ganzes)
- Datenblatt für die Einrichtung
- Standortbewertung
- Analyse bestehender Einrichtungen (wenn das Projekt Änderungen an einem bestehenden Gebäude vorsieht)
- Kostenbewertung und Budgetentwicklung
- Zeitplan
- Ungeklärte Fragen
- Sonstige Informationen (Gestaltungsrichtlinien etc.)
- Kriterien für die Standortwahl

Andererseits das themenbezogene Programming nach Donna P. Duerk (Duerk 1993). Ihre Kategorien sind die folgenden:

- Definition von Themen
  - Themen
  - Fakten
  - Lösungen
- Werte
  - Ziele für vorrangige Themen
  - Qualitätskontinuum
  - widersprüchliche Werte
  - Entwicklung von Themen-Checklisten
- kritische Entscheidungen treffen: Fokussierung des Designs
- Strategie für die Informationssuche

Für Donna Duerk ist es wichtig die unterschiedlichen Themen einzeln zu erarbeiten und dabei Themen nach Wichtigkeit zu priorisieren.

Bei der Kartentechnik geht es vor allem auch um die Werte, der weniger leicht zu beschreibenden Qualitäten (nach Kuchenmüller 1997) wie:

- die verschiedenen Bedürfnisse der Nutzer, die oft schwer zu erfassen sind
- verborgene Werte und Wertsysteme von Individuen und Gruppen
- das Aufdecken von Ideen und Konzepten, die bei den Beteiligten bereits latent vorhanden sind
- einen kommunikativen Nährboden zu schaffen, auf welchem auch überraschende Ideen der Beteiligten gedeihen und ausgesprochen werden können
- die Aktivierung des innovativen Wissens der Beteiligten
- leistungsfähige Vermittlungsplattformen zu schaffen, wie Gruppendiskussionen und die Visualisierung der Ergebnisse

Dabei ist es wichtig, sich für die Anforderungen zu sensibilisieren, diese genau zu erkennen und vollständig zu sammeln damit man daraus stimmige Lösungen entwickeln kann. Dies wird möglich durch Visualisierung und Partizipation. (Abb. 2.2b).

Die weitere Beschreibung der Vorgehensweise bei der Kartentechnik basiert im Wesentlichen auf der „Problem Seeking®“ Methode, ergänzt durch andere Ansätze, die ich mir im Laufe meines Berufslebens angeeignet habe.

Vorteil dieser Methode

Der eigentliche Schwachpunkt bei der Ermittlung aller Parameter einer Aufgabe sind die oft unklaren oder unvollständigen Planungsvorgaben der Unternehmen. Deshalb ist es wichtig, die Anforderung an die Aufgabe zu stärken, denn eine

Lösung wird immer an den Anforderungen gemessen. Je genauer diese sind, umso genauer ist auch die Lösung.

Auftraggeber und vor allem die Nutzer in Bauprojekten sprechen meist nicht die Sprache der Architekten und Planer und können deshalb selten ihre Bedürfnisse so genau und präzise formulieren, dass diese als Zielvorlage für den Architekten dienen können. Sie können keine Pläne lesen und benötigen deshalb Hilfestellung bei der Übersetzung ihrer Anforderungen in konkrete Baumaßnahmen.

Die Kartentechnik, mit ihren speziellen, grafischen Icons und prägnanten Stichworten ermöglicht es in einfacher und übersichtlicher Weise alle Informationen, die das Projekt betreffen, zu sammeln, zu analysieren und in einem vollständigen Zusammenhang darzustellen und damit zu einer verbindlichen Basis für die weitere Planung zu machen. Die Bildsprache gewährleistet, dass alle die gleichen Ideen vor Augen haben und man sicher sein kann, dass alle Beteiligten verstehen worüber gerade diskutiert wird und wie der Stand des Projektes ist. Korrekturen können sofort vorgenommen und Unstimmigkeiten umgehend geklärt und korrigiert werden.

„Problem Seeking" ist die Problemsuche, die zeitlich vor der Problemlösung liegt. Bei der Problemsuche geht es darum, das was der Kunde will exakt zu erfassen, die Aufgabe genau kennen zu lernen, zu verstehen und darzustellen. Ziel ist es, die Anforderungen eines Projektes ganzheitlich zu erfassen und zu visualisieren. Erst nach dieser Problemformulierung wird die Lösung erarbeitet, deren Ziel es beispielsweise sein kann, ein Gebäude zu realisieren, ein neues Produkt zu designen oder einen neuen Prozess zu etablieren. Diese klare Trennung von Aufgabenformulierung und Lösungsfindung ist die Stärke der Kartentechnik (Abb. 4.1).

In der Analysephase wird die Gesamtproblematik des Projektes in einzelne Themen gegliedert, die separat bearbeitet werden. So können auch hochkomplexe Projekte gut bearbeitet werden, ohne sich in riesigen, unklaren Aufgabenstellungen zu verlieren. Erst in der Synthesephase werden dann die analysierten Einzelteile wieder zu einem schlüssigen Ganzen zusammengefügt.

Idealerweise sollte es eine Überlappung zwischen Aufgabe und Lösung geben. Durch eine immer komplexere Aufgabenverteilung sind heute Aufgabe und Lösung nicht mehr in einer Hand. Beispielsweise wurden früher viele Aufgabenstellungen von einer Generation an die nächste überliefert, Aufgabe und Lösung lagen in einer Hand, wie Lehmhüttenbauten oder das Aufstellen eines Wigwams. Heute sind Zusammenstellung der Aufgabe und Erarbeitung der Lösung getrennt und liegen in ganz unterschiedlichen Zuständigkeitsbereichen, deshalb wird eine neue Informationsbasis benötigt, wie in Abb. 4.2 dargestellt.

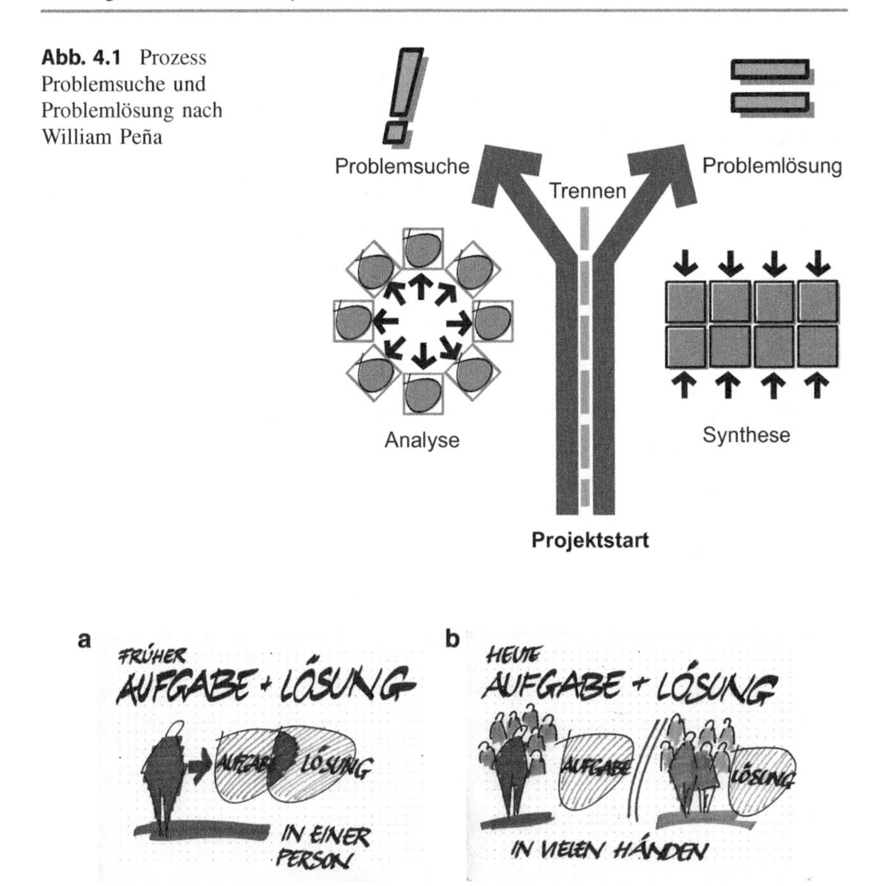

Abb. 4.1 Prozess Problemsuche und Problemlösung nach William Peña

Abb. 4.2 **a, b** Erläuterung des Zusammenhangs zwischen Aufgabe und Lösung früher und heute

Durch die Kartentechnik wird diese verlorene Verbindung durch die bildhafte Darstellung der Aufgabe und all ihrer Bedingungen wiederhergestellt. Die kurze prägnante Beschreibung an Hand kurzer Texte und mit symbolhaften Bildern stellt diesen Übergang von Aufgabe und Lösung wieder her. Nur wenn man ein Problem genau und umfassend kennt kann man dafür auch die passgenaue Lösung erarbeiten. Die Kartentechnik ist in kurzen Worten die Suche nach ausreichend Information, um das Problem zu klären, zu verstehen und daraus eine Aufgabenstellung für die Lösung zu erarbeiten. (Abb. 4.3).

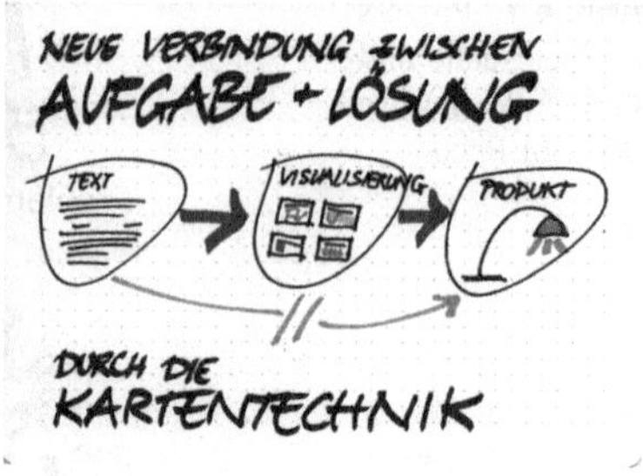

Abb. 4.3 die Kartentechnik stellt die Verbindung zwischen textlicher Aufgabenstellung und realem Produkt her

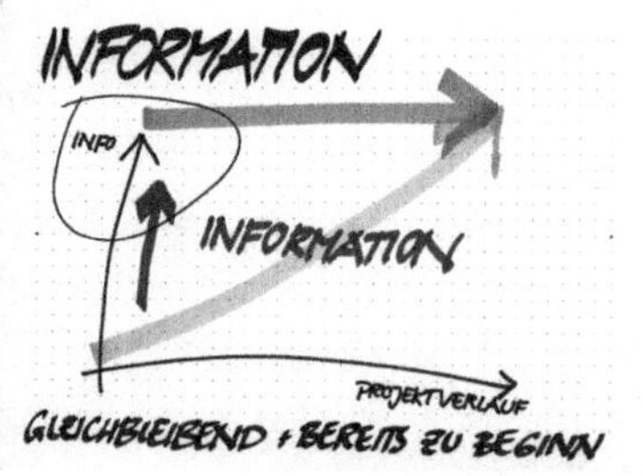

Abb. 4.4 Informationen stehen bereits von Anfang an zur Verfügung (gelb), bei herkömmlichen Prozessen wächst die Informationsmenge langsam an (grau)

In der Anfangsphase eines Projektes ist es wichtig, alle bedeutenden und aussagekräftigen Informationen zu sammeln, zu strukturieren und so aufzubereiten, dass sie einerseits verwendbar und abrufbar sind, andererseits allen mit dem Projekt betrauten Personen jederzeit zur Verfügung stehen.

Normalerweise nähert man sich der Lösung eines Problems oft durch ein Ausprobieren und durch das Durchspielen vieler verschiedener Varianten. Im Laufe des Planungsprozesses wächst die Menge an Informationen kontinuierlich an, sodass man einerseits über eine Fülle an Informationen verfügt, die aber oft wenig sortiert und nur verteilt zur Verfügung stehen und andererseits wesentliche Informationen oft zu spät oder unvollständig erhält. Für einen guten und richtigen Prozess und ein erfolgreiches Projekt muss man gewährleisten, dass die wichtigen und notwendigen Informationen bereits zu Anfang des Projektes zur Verfügung stehen und in die weitere Planung zum richtigen Zeitpunkt einfließen können. So können spätere, kostenintensive Entscheidungen vermieden werden. (Abb. 4.4).

Es ist sichergestellt, dass die Aufgabe ganzheitlich und umfassend erarbeitet wurde, bevor man daraus die passende Lösung entwickelt. Das Projekt steht von Anfang an im Mittelpunkt und wird durch die Kartentechnik und die Visualisierung für alle Beteiligten sichtbar und erlebbar. Alle wichtigen und relevanten

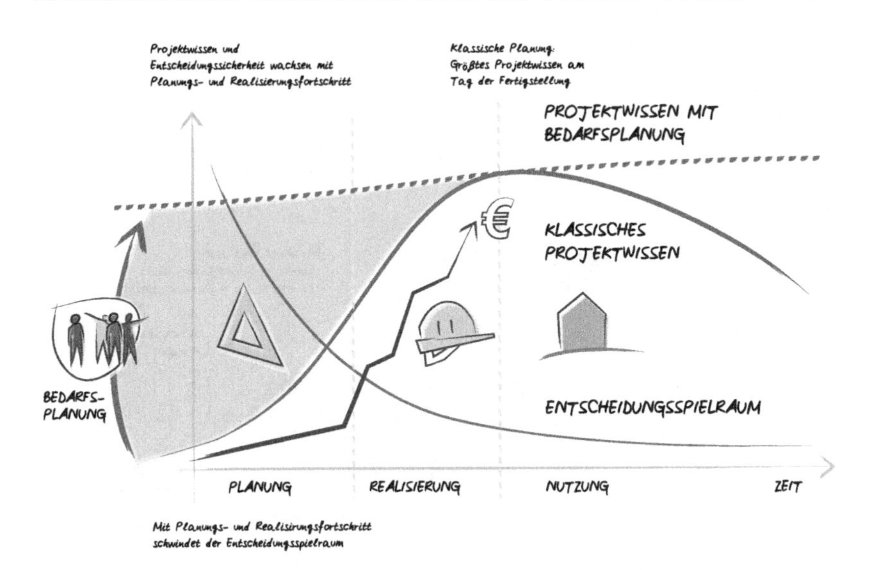

Abb. 4.5 Informationsmenge schon zu Anfang des Projektes anheben

Personen für das Projekt lernen sich kennen und verstehen und kommunizieren von Anfang an fokussiert und mit Begeisterung zum Erfolg des Projektes. (Abb. 4.5),

Vorgehensweise in einem Projekt

Jedes Projekt ist ein Unikat. Es ist daher erforderlich, dass sich das Team den jeweils neuen projektspezifischen Anforderungen stellen, sowie den Ablauf und die Organisation entsprechend der neuen Aufgabe strukturieren muss. In Abb. 4.6 ist ein genereller Projektablauf schematisch dargestellt. Das Team besteht je nach Größe des Projektes in der Regel aus 2–3 Personen, kann aber auch nach Bedarf erweitert werden. Für die späteren Workshops sollten es aber immer 2 Personen sein, eine die zeichnet und eine die moderiert. In der Regel stellt die Person, die die Karten gezeichnet hat, diese auch anschließend vor. Dies ist sinnvoll, da die Person, die moderiert immer vorausdenkt, um die nächsten Fragen zu stellen, während der Zeichner das gerade gehörte verarbeiten muss. Durch diese Konzentration auf das Zuhören kann man den Workshop am Ende sehr gut wiedergeben. Für komplexe Projekte ist es sinnvoll Spezialisten und / oder Fachplaner von Anfang an mit in die Workshops einzubeziehen.

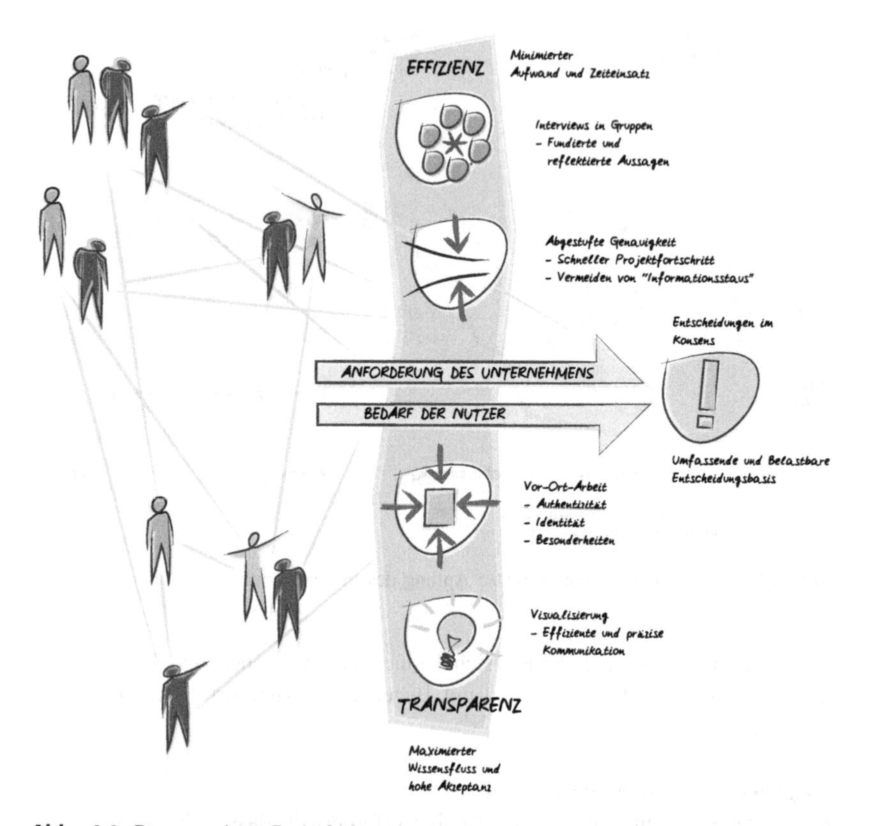

Abb. 4.6 Prozess einer Bedarfsplanung, um zu einer umfassenden und belastbaren Entscheidungsfindung zu kommen

Start des Projektes – *das Projekt verstehen*

Zu Beginn müssen Umfang und Inhalt des Projektes genau hinterfragt werden. Die Ziele des Projektes sowie das Ergebnis der Analyse werden definiert. Erste Besichtigungen und Gespräche dienen der richtigen Einschätzung der Komplexität des Projektes. Ergebnis dieser Auftragsdefinition ist ein Angebot mit kurzer Beschreibung der Methode sowie der vorgeschlagenen Vorgehensweise.

Wichtig ist es hierbei auch zwischen den übergeordneten Zielen und den Projektzielen zu differenzieren. Ein übergeordnetes Ziel kann beispielsweise sein, dass man mit einem neuen Gebäude erreichen möchte, dass sich die Entwicklungszeit für ein neues Produkt verkürzt, dadurch, dass die Zusammenarbeit

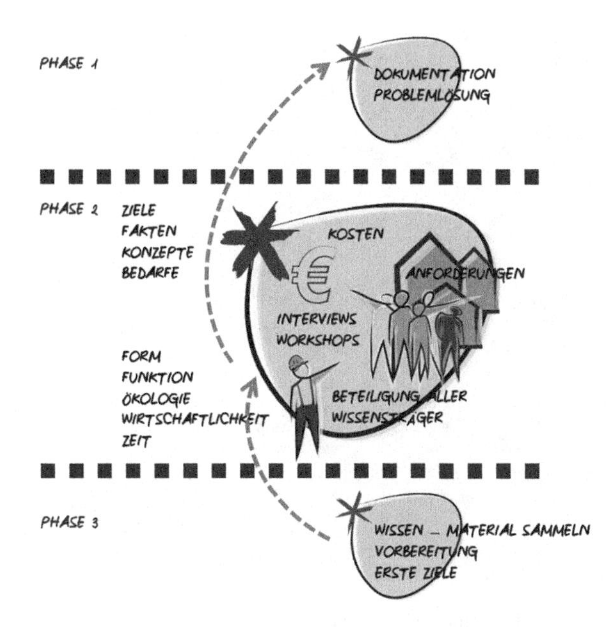

Abb. 4.7 die 3 Phasen der Kartentechnik für eine Bedarfsplanung oder andere Prozessbegleitungen durch Visualisierung

zwischen den unterschiedlichen Bereichen und Mitarbeitern verbessert wird und reibungsloser funktioniert. Das Projektziel kann ein neues Gebäude sein, das funktional gut funktioniert und das übergeordnete Ziel unterstützt und fördert.

Phase 1 – Vorbereitung des Projektes – *Informationen sammeln*

Nach Auftragserteilung wird der Workshop vorbereitet. (Abb. 4.7). Das Team sammelt und sortiert alle zur Verfügung stehenden Information des Auftraggebers, wie Pläne, Standortinformationen, vorhandene Mitarbeiterzahlen, ev. Leistungsbeschreibungen etc. Es recherchiert weitere Informationen zur Aufgabe, dem Auftraggeber und gegebenenfalls zu dessen Produkten sowie weitere für das Projekt wichtige und relevante Hintergrundinformationen. Dies kann beispielsweise im Internet erfolgen oder durch Produktbroschüren etc.

Erste Vorgespräche werden vor Ort geführt, um den Standort und die Produkte kennen zu lernen und die Atmosphäre besser erfassen zu können. Dabei ist es wichtig von Anfang an einen Ansprechpartner im Unternehmen zu haben, der (oder die) für die gesamte Dauer des Projektes zur Verfügung steht. Dieser

Abb. 4.8 Kartenwand für alle sichtbar und nachvollziehbar (Projektbeispiel)

sollte das Unternehmen, die Werte, die Visionen, die Struktur, die Historie sowie die Mitarbeiter gut kennen und über interne Strömungen und Entwicklungen gut Bescheid wissen. Die Themenkreise für die Interviews werden gemeinsam entwickelt, die richtigen Interviewpartner für die Workshops identifiziert und ein Stundenplan zusammengestellt.

Ein geeigneter Interviewraum wird reserviert und sichergestellt, dass er für die Dauer des Projektes zur Verfügung steht. Dies ist wichtig, um die bei den Interviews entstehende Kartenwand auch allen anderen Personen zugänglich zu machen, um die Transparenz der Vorgehensweise zu garantieren und weitere wichtige Zusatzinformationen und Kommentare zu erhalten (Abb. 4.8). Beispielsweise können Post its und Stifte dort liegen, sodass Ergänzungen und Kommentare abgegeben werden können.

Phase 2 – der Workshop – *Einbeziehung der Wissensträger*

Der Workshop vor Ort startet mit einem „Kick-off" für alle Beteiligten. In ihm wird die Methode erklärt, der Stundenplan sowie die Themengebiete vorgestellt und der geplante zeitliche Projektverlauf erläutert. Oft erweist es sich als hilfreich diesen „Kick-off" Termin zeitlich schon vor Beginn der Interviews zu legen, um

Abb. 4.9 **a–c** Erstellen des visuellen Programms in Echtzeit während des Workshops

alle Beteiligten frühzeitig einzubinden und so Gerüchten keinen Raum zu geben. Die Erfahrung zeigt auch, dass es gut ist, dabei schon erste Ziele und mit der Führung abgestimmte Leitlinien festzulegen und zu präsentieren. Dies klärt den Spielraum für das Projekt, verringert Ängste und schränkt falsche Erwartungen ein. Trotzdem ist es im weiteren Verlauf wichtig, in den Workshops offen für neue Ideen und Richtungen zu sein. Gerade das ist der Charme der Kartentechnik, dass durch die Offenheit neue, oft auch ganz überraschende Ideen entstehen und so das Projekt durchaus auch eine andere Richtung einschlagen kann.

In den Interviews werden alle Standpunkte zu den einzelnen vorbereiteten Themenkreisen diskutiert, alle Fakten zusammengestellt und analysiert und Konzepte gemeinsam entwickelt und hinterfragt. Die unterschiedlichen Meinungen werden zu einem gemeinsamen Konsens geführt, der von allen getragen werden kann. Alle Aussagen werden simultan auf Karten visualisiert und für alle sichtbar aufgehängt. Ergänzungen und Korrekturen können sofort eingebracht werden. (Abb. 4.9a und b).

Funktionsdiagramme und Wichtigkeiten von Nachbarschaften werden auf Charts, wie in Abb. 4.10 dargestellt und festgehalten und können so immer wieder gemeinsam korrigiert werden.

Am Ende jedes Interviews von ca. 60–90 min Dauer werden alle Karten noch einmal vorgestellt und damit von allen bestätigt und gegebenenfalls korrigiert. Gleichzeitig dient dies auch als Zusammenfassung des Gesprächs. Man sollte unbedingt darauf achten, diese Vorstellungsrunde durchzuführen und diese aus Zeitgründen keinesfalls zu streichen, da erfahrungsgemäß gerade dort noch einmal wichtige Ideen geäußert werden und viele Dinge klarer werden. Alle Teilnehmer versammeln sich dazu vor der Kartenwand und gewinnen so noch einmal einen umfassenden Blick auf die Ergebnisse der Diskussionsrunde. (Abb. 4.11a–c). Ein ausreichendes Zielfenster hierfür ist unabdinglich.

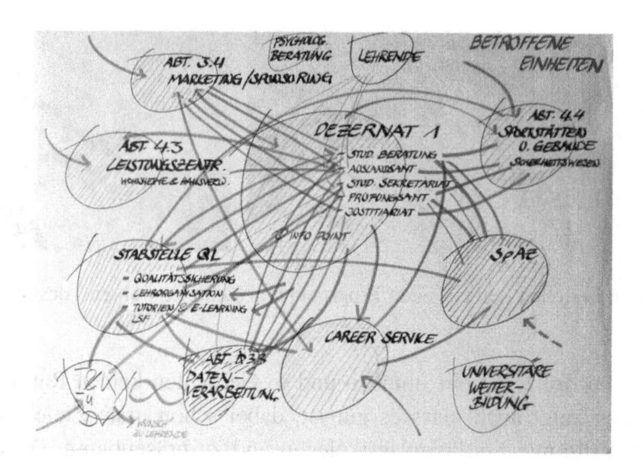

Abb. 4.10 Beispielchart für die Zusammenhänge verschiedener Abteilungen

Abb. 4.11 **a–c** Vorstellung der Ergebnisse am Ende der Interviews

Forschungen zeigen immer wieder, wie wichtig gerade die Gespräche vor und nach einem Meeting sind. Deshalb ist auch die Zeit nach einem Interview so besonders wichtig. Personen, die sich vorher kaum geäußert haben, lesen die Karten und kommentieren diese. In einer weniger „öffentlichen“ Runde traut man sich eher, die eigene Meinung noch einfließen zu lassen und die Dinge, die an der Wand hängen zu kommentieren. Besonders introvertierte Menschen erreicht man so viel leichter und gewährleistet so, dass auch ihre Meinung und Vorstellungen mit einfließen. (Abb. 4.12a + b).

Wesentliche Aspekte sind dabei die vor-Ort-Arbeit, die Interviews und die Visualisierung. Alle drei Aspekte haben die gemeinsame Zielsetzung, innerhalb kurzer Zeit ein hohes Maß an gesichertem Wissen über Prozesse und Arbeitsweisen zu sammeln und in belastbare Anforderungen an Flächen und Räume

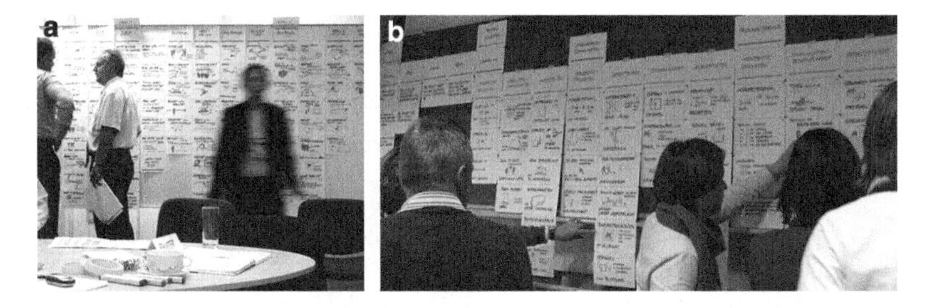

Abb. 4.12 **a, b** Wichtige Gespräche finden sehr gern in den Pausen statt, die Visualisierung regt zu Diskussionen an

zu übersetzen. Durch die Vielzahl der beteiligten Mitarbeiter an Interviews und Workshops und den zumeist im Konsens erworbenen Aussagen entsteht eine hohe Sicherheit als objektive Grundlage für zukünftige Entscheidungen und die anstehende Planung. Ergebnisse, die mit dieser Methode erarbeitet werden, sind sehr fundiert und belastbar. Sie basieren auf den Aussagen der Mitarbeiter und der späteren Nutzer, die ihre Abteilung vertreten und ein Eigeninteresse an einer guten Planung haben. Auch wenn man die genauen Nutzer nicht kennt, wie beispielsweise im Hochschulbau, wo Studierende immer wieder wechseln, sollte man die aktuelle Nutzergruppe immer befragen, da sie sich auskennen und so ihren zukünftigen Kollegen die richtigen Flächen sichern.

Durch den festen Stundenplan und die knappen Interviews hat man immer die Chance alle wichtigen Wissensträger zu erreichen. Die Arbeit vor Ort sichert zudem gegebenenfalls bei Unsicherheiten oder Verständnisschwierigkeiten zu Prozessen, diese vor Ort zu hinterfragen, zu besichtigen und zu überprüfen und vor Ort Alternativen zu erwägen. Außerdem erhöht die Arbeit vor Ort, die Möglichkeit die Kultur eines Unternehmens richtig zu erfassen. Jedes Projekt ist anders, jede Organisation ist anders und die finale Architektur oder das finale Design oder Produkt muss zum Unternehmen passen. Die Kartentechnik dient hier auch der Erfassung und dem Verstehen der jeweiligen Unternehmenskultur und der „Übersetzung" in das richtige Projekt, Design oder in Architektur.

Am Ende der Workshops werden alle Ergebnisse der Kartenwand zusammen mit ersten Charts im Rahmen einer gemeinsamen Arbeitssitzung vorgestellt, siehe Computergrafik Abb. 4.13. Als besonders hilfreich erweist es sich, dies im Rahmen einer größeren Veranstaltung zu machen, mit dem gleichen Personenkreis wie beim „kick-off".

Abb. 4.13 Beispiel für eine Kartenwand in der Vorstellungsrunde

Phase 3 – Dokumentation – ***abgestimmte Planungsgrundlage***
Im Anschluss an diese Arbeit vor Ort wird ein visuelles Protokoll, in Form einer Broschüre erstellt, das alle Ergebnisse zusammenfasst. Dieses wird zur Korrektur an alle Teilnehmer im Umlauf verteilt. Ein solches Protokoll hat einen sehr hohen Wiedererkennungswert durch die gemeinsam erstellten Karten. Teilnehmer finden sich und ihre Ideen wieder und fühlen sich als wirklicher Teil des Projektes. Oft haben Teilnehmer das Gefühl im Interviewraum mit den wachsenden Kartenwänden über die Dauer der Workshops, dass nun das Projekt wirklich gestartet ist und sich vor ihren Augen entwickelt. Ergänzt werden kann dieses visuelle Protokoll, wenn erlaubt und abgesprochen, durch Fotos, die die Situation und die Stimmung des Workshops wiedergeben.

Die endgültige korrigierte und ergänzte Broschüre ist die verbindliche Arbeitsgrundlage für die weitere Planung und Ausführung des Projektes. Im Computerzeitalter besteht auch die Möglichkeit die Ergebnisse elektronisch zur Verfügung zu stellen und den Teilnehmern auch dort die Möglichkeit für Kommentare und Bemerkungen zu geben.

Handover – ***die Lösung wird entwickelt***
Diese Vorgehensweise bezieht sich beispielhaft auf Architekturplanungsaufgaben für ein neues Gebäude oder einen Umbau oder auch auf das Design eines neuen Produktes. Am Ende steht hier die Formulierung – in textlicher Form – einer Aufgabenstellung.

Dies ist besonders wichtig, wenn unterschiedliche Abteilungen für die Erstellung des Anforderungsprofils und die Entwicklung einer (Architektur)Lösung verantwortlich sind und wenn es sich um komplexe Projekte handelt. Die Erfahrung zeigt, dass diese Grenzen eher verschwimmen, da es für das Projekt, wie ein neues Gebäude, hilfreich ist, wenn spätere Projektverantwortliche oder -involvierte bereits in dieser Phase beteiligt werden, da in den Workshops oft unschätzbare Informationen einfließen und oft Stimmungen, Beziehungen, funktionale Zusammenhänge und vieles mehr zwischen den Zeilen vermittelt werden, die (diesem Personenkreis) sonst verloren gingen.

Die Erfahrungen zeigen, dass sich die Kartentechnik auch in weiteren Phasen des Projektes als ein wichtiges Instrument erweist. Fokusgruppenworkshops können bei strittigen Punkten, bei wichtigen Fragestellungen oder wenn sich das Projekt an Scheidepunkten befindet, eingesetzt und mit der gleichen Methodik visualisiert werden. Entscheidungen lassen sich so für alle transparent nachvollziehen.

Gerade in der heutigen Zeit, in der Transparenz und Offenheit im Vordergrund stehen, ist diese Methode von unschätzbarem Wert. In der Regel fühlen sich Teilnehmer solcher Workshops gut verstanden und begrüßen die Klarheit und Übersichtlichkeit der Diskussion. Sie sind oft selbst überrascht wie hoch das gemeinsame Wissen ist und wie gut die Informationen durch die Visualisierung mit der Kartentechnik strukturiert werden können. Auch die Vorgehensweise, der Ablauf und Inhalt der einzelnen Phasen ist für alle transparent und klar erkenntlich, siehe Abb. 4.14.

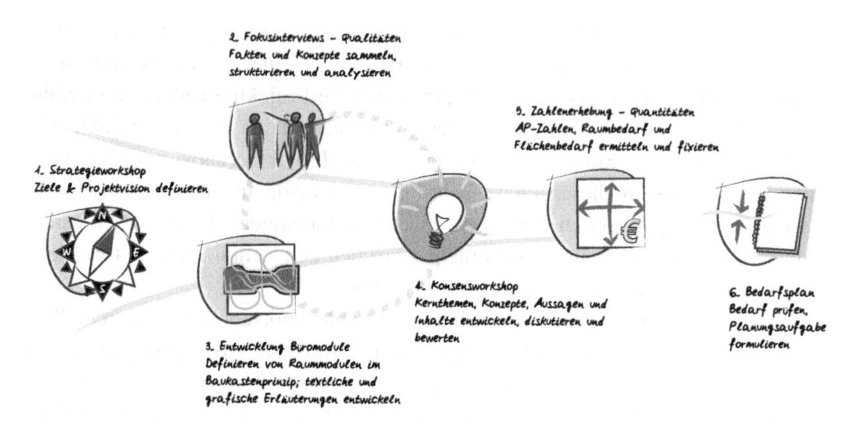

Abb. 4.14 Zusammenfassung der Arbeitsphasen in einem Projekt, begleitet durch die Kartentechnik

Methodik Kartentechnik 5

Arbeitsweise

Alle Arbeitsschritte sind aufeinander abgestimmt und folgen logisch aufeinander. In der Anfangsphase eines Projektes ist es besonders wichtig, die Aufmerksamkeit und Beteiligung aller Wissensträger durch eine präzise und effiziente Ablaufplanung sicher zu stellen. Durch die straffe Organisation und eine gute thematische Gliederung der Interviews wird es innerhalb kürzester Zeit möglich, alle wichtigen Informationen zu sammeln und zu strukturieren. Ein Zeitaufwand von 60 – 90 min macht es möglich, auch vielbeschäftigte Mitarbeiter oder andere Wissensträger mit einem begrenzten Zeitbudget für einen Termin zu gewinnen. Dabei geht es auch in jedem Projekt um eine angemessene Genauigkeit, um aus der Flut der Angaben die wesentlichen und projektrelevanten Informationen herauszufiltern. Moderator und Zeichner, die die Kartentechnik durchführen, benötigen hier die richtige Erfahrung um relevantes von irrelevantem zu trennen. (Abb. 5.1a und b).

Die Arbeitsmittel sind einfach und unabhängig von technischen Voraussetzungen, siehe Abb. 5.2. Alle Einzelschritte werden visualisiert und sind jederzeit nachvollziehbar und auch jederzeit präsentierbar. Die Informationen werden anschließend strukturiert und in Piktogrammen und Charts in einer Broschüre zusammengefasst und dem Auftraggeber zur Korrektur vorgelegt. Nach der Einarbeitung der Änderungen liegt eine verbindliche Grundlage für alle weiteren Planungsphasen vor.

Die Vorbereitung

Es ist wichtig, sich im Vorfeld über die Inhalte gut zu informieren, auch über bestimmte und besondere Themen in den Workshops. Geübten Zeichnern fällt es leicht, ad hoc eine Grafik zu zeichnen, dies sollte spontan und ohne besonderes

C. Kohlert, *Die Kartentechnik als erfolgreiches Visualisierungstool*, essentials, https://doi.org/10.1007/978-3-658-31835-2_5

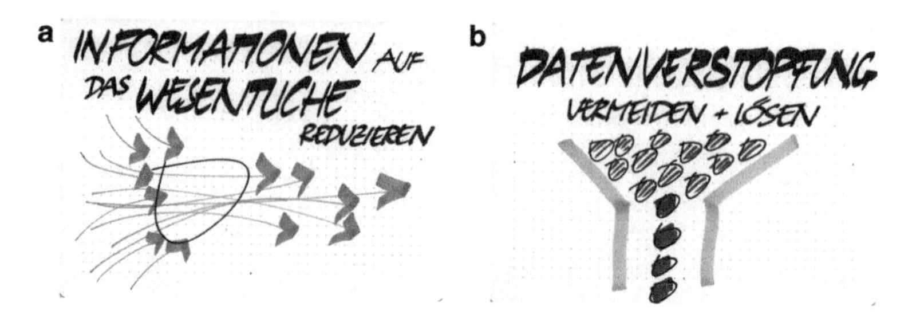

Abb. 5.1 **a, b** Herausfiltern der wichtigen Informationen und Vermeidung von „Datenverstopfung", gezeichnet nach William Peña

Abb. 5.2 Materialien für die Kartentechnik

Nachdenken erfolgen, da bei den Interviews nur wenig Zeit zur Verfügung steht. Deshalb ist es hilfreich, wenn man bei besonderen Themen „übt" bestimmte Icons schnell zu zeichnen. Mit Studierenden beispielsweise habe ich verschiedene Projekte im Zoo bearbeitet. Als Vorbereitung haben wir überlegt, wie man schnell und trotzdem gut erkennbar die unterschiedlichsten Tiere zeichnen kann. Für einen Workshop zu Mobility könnte es sich empfehlen im Vorfeld zu klären wie man schnell und erkennbar Autos, Züge, Motoren und ähnliche Teile zeichnen kann.

Materialien

Die Karten, auf denen gezeichnet wird, gibt es nicht im Handel zu kaufen. Allerdings kann man sich mit karierten Karteikarten im Format DIN A5 behelfen. Ist

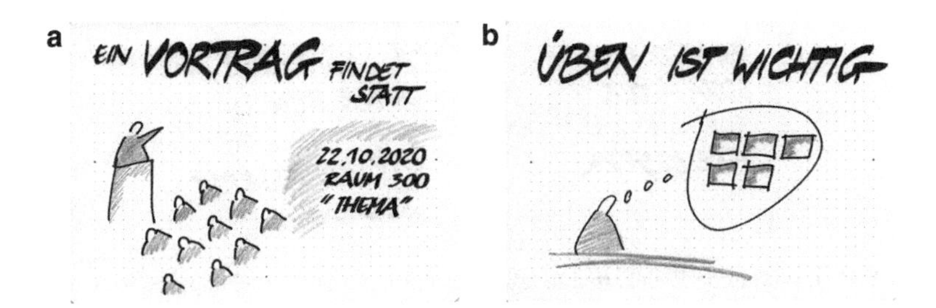

Abb. 5.3 **a, b** Beispielkarten für Kartentechnik mit Buntstiften

man geübter, wirken die Karten besser, wenn man einfache weiße Karten nutzt. Lässt man Karten drucken sollten sie aus etwas festerem Karton sein und abgerundete Ecken besitzen, das reduziert die Verletzungsgefahr und sie lassen sich besser aneinanderkleben und für den Transport zusammenfalten. Ein zartes kariertes Raster oder Punkte helfen bei der Gestaltung der Karte. Ebenfalls gut ist es eine Kennzeichnung für die Mitte der Karte aufzudrucken, dies gewährleistet auch das schnelle und geordnete Aufhängen der Karten.

Als Stifte eignen sich am besten Copic Stifte oder ähnliche Ausführungen. Diese haben zwei Seiten, eine spitze und eine breite kalligrafische, mit der man eine schöne grafische Schrift erzeugen kann. Die benötigten Materialien sind in Abb. 5.2 wiedergegeben.

Alternativ kann man auch schwarze Filzstifte für die Schrift und die Umrandungen der Zeichnungen nehmen und Buntstifte für das Ausmalen, wie in Abb. 5.3 dargestellt. Dies ist bedeutend kostengünstiger. Man kann sich auch auf schwarz sowie eine weitere Farbe, beispielsweise „blau" beschränken. Die Farben können so auch zum Markenzeichen für ein Team oder eine Arbeitsgruppe oder auch eine ganze Organisation werden.

Zum Aufhängen benötigt man entweder Pinnadeln oder Tesakrepp, je nach den Möglichkeiten vor Ort und ob Pinnwände zur Verfügung stehen. Dies sollte im Vorfeld, vor Workshopbeginn, mit der Kontaktperson vor Ort geklärt werden. Ein Flipchart sollte ebenfalls im Raum vorhanden sein, um beispielsweise Aufzählungen, Beziehungsdiagramme wie in Abb. 4.10 oder Flächenlisten erstellen zu können.

a
DIE NEUEN PROZESSE SOLLEN DIE KOMMUNIKATION VERBESSERN.
b
DIE VERNETZUNG UNTER DEN STUDIERENDEN SOLL VERBESSERT WERDEN.

Abb. 5.4 **a, b** typische Zielekarten in textlicher Form mit Hervorhebung des Wesentlichen

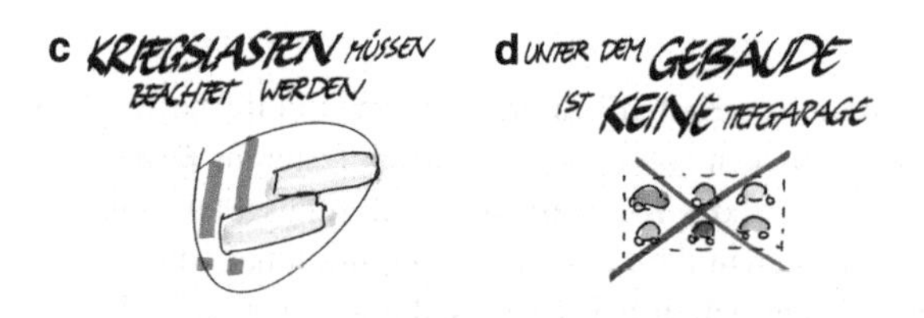

c
KRIEGSLASTEN MÜSSEN BEACHTET WERDEN
d
UNTER DEM GEBÄUDE IST KEINE TIEFGARAGE

Abb. 5.4 **c, d** Fakten die unbedingt zu beachten sind

Der Workshop – Die Interviews
In den Interviews und Workshops mit möglichst vielen Wissensträgern werden die Ziele, Fakten, Konzepte und Bedarfe des Kunden ermittelt und visuell protokolliert, gesammelt, diskutiert, hinterfragt und weiterentwickelt.

Die **Ziele** beschreiben die übergeordneten Absichten des Auftragsgeber mit dem Projekt und zwar aus der Nutzerperspektive, ohne zu frühe Einschränkungen durch bauliche oder formale Restriktionen. Ziele werden meist in reiner Textform festgehalten, die wichtigsten Worte können dabei in „blau" hervorgehoben werden. (Abb. 5.4a + b).

Fakten stellen die unabänderlichen Rahmenbedingungen dar, wie Grundstücksgrenzen oder das Grundwasser, aber auch Mitarbeiterzahlen und unabänderliche Prozesse. Diese können selbstverständlich während der Interviews hinterfragt und neu diskutiert werden. (Abb. 5.4c + d).

Konzepte sind die Ideen des Auftraggebers und der Nutzer zur Umsetzung der Ziele. Sie werden zusammen mit den Nutzern entwickelt und sind ihre Ideen und Vorstellungen zum Erreichen der Ziele. Sie sind abstrakt und noch ohne Lösungsorientierung oder bauliche Formgebung. (Abb. 5.4e–h).

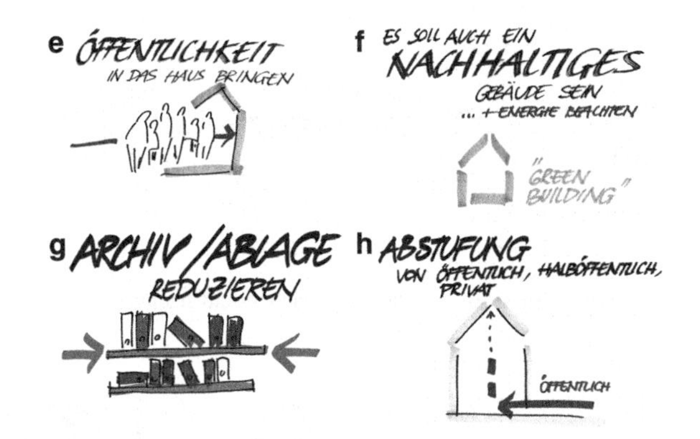

Abb. 5.4 e–h Konzeptkarten

Abb. 5.4 i–j Bedarfskarten für die weitere Planung

Sowohl Fakten als auch Konzepte werden in der typischen Kartentechnik erstellt, die im Teil 6 erklärt wird und in Abb. 4.8, 5.10 und 5.13 abgebildet sind.

Der **Bedarf** umfasst alle quantifizierbaren Parameter des Projektes. Hier werden alle Anforderungen festgehalten. (Abb. 5.4i + j). Dabei ist auf wirtschaftliche und sinnvolle Funktionen und Flächen zu achten, die dann mit Erfahrungswerten und Benchmarks verglichen und abgewogen werden. Bedarfe werden sowohl aus den Karten übernommen als auch gemeinsam auf Charts in ersten Listen erarbeitet.

Durch eine gut vorbereitete Moderation und Zeitplanung wird die Informationsmenge maximiert und man erhält schnell alle wesentlichen Aussagen. Besonders wichtig ist es, auch die **offenen Fragen** zu notieren, um sicherzustellen, dass diese weiterverfolgt werden und nicht in Vergessenheit geraten.

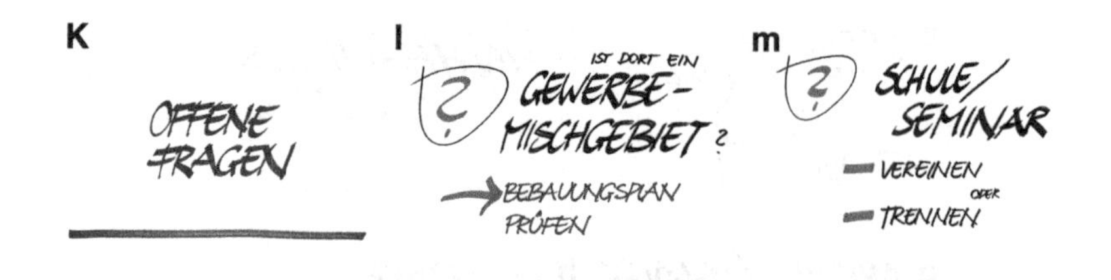

Abb. 5.4 k–m Offene Fragen für alle sichtbar machen und nachverfolgen

Abb. 5.4 n–p Nächste Schritte festlegen

Abb. 5.4 q–r auch Ereignisse und wiederkehrende Treffen auf Karten festhalten

(Abb. 5.4k–m).Dieses Sichtbarmachen der offenen Punkte ist fast immer eine Garantie, dass diese zeitnah geklärt und fehlende Informationen nachgereicht werden. Wenn möglich kann dazu auch eine Person notiert werden, die die Beantwortung liefert.

Ein weiterer wichtiger Punkt sind **nächste Schritte.** Auch diese sollten immer als Ergebnis der Workshops festgehalten werden. (Abb. 5.4n–p und 5.4q, r,).

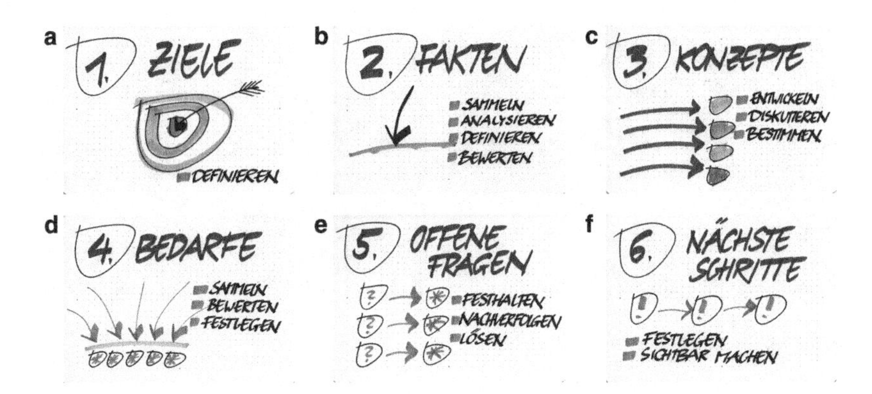

Abb. 5.5 a–f Ziele, Fakten, Konzepte, Bedarfe, offene Fragen, nächste Schritte

So ist der Prozess immer transparent und jeder ist auf dem Laufenden, was als nächstes passieren wird. (Abb. 5.5a–f).

Alle Interviews werden in Gruppen durchgeführt. Die Zusammensetzung der Gruppen ergibt sich aus dem jeweiligen Interviewthema. Alle Personen, die zu einem speziellen Thema einen wichtigen Beitrag leisten können, werden eingeladen. Diese Wissensträger werden gemeinsam mit einem Projektleiter vor Ort ausgewählt und eingeladen. Diese Auswahl erfolgt immer projektorientiert und nicht hierarchisch.

Eine Gruppenstärke von ca. 4–8 Personen für die Interviews erweist sich als überschaubare und für Diskussionen vernünftige Größe. Starten sollte man immer mit einer Vorstellungsrunde und der Frage nach dem persönlichen Interesse für das Projekt sowie den Erwartungen an den Workshop. Dies fördert die Zusammengehörigkeit, gibt dem Projekt eine persönliche Note und eröffnet damit eine offene Diskussionsrunde. Darüber hinaus lernen sich alle Teilnehmer kennen und man erhält wichtige Informationen zu den Teilnehmern.

Bildkarten

Dafür eignen sich auch Bildkarten als weiteres Visualisierungstool sehr gut. (Abb. 5.6a und b). In der Gruppe wählt man gemeinsam zwei Bildkarten aus, um beispielsweise zu visualisieren was die Erwartungen an den Workshop sind. Bei Veränderungsprozessen kann man die Leute auch zwei Karten für den jetzigen Zustand und zwei Karten für den erwünschten zukünftigen Zustand auswählen lassen.

Abb. 5.6 **a, b** Bildkarten in Workshops

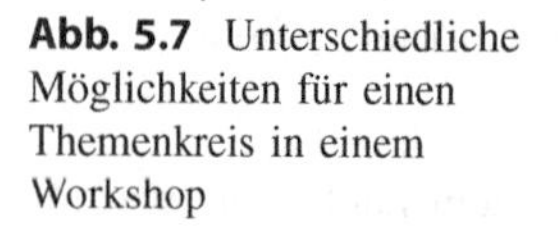

Abb. 5.7 Unterschiedliche Möglichkeiten für einen Themenkreis in einem Workshop

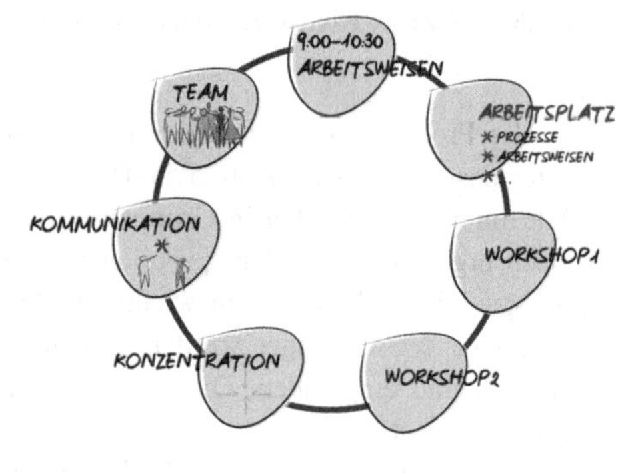

Die Karten werden aufgehängt und man lässt die Teilnehmer selbst erläutern, warum sie speziell diese Karten gewählt haben und was sie bedeuten. Durch dieses aktive beteiligen und auch den Wechsel aus sitzen und stehen, werden die Teilnehmer gelöster und offener und so ist die Stimmung im Workshop meist sehr gut. Teil dieser Methode zu sein macht allen Spaß.

Themengebiete für die Interviews

In der Vorbereitungsphase werden entsprechend der Projektinhalte und -vorgaben die notwendigen Themenkreise entwickelt. An Hand dieser werden stichpunktartige Fragenkataloge entwickelt.

Diese werden für die Interviews auf Karten oder Charts visualisiert und dienen dazu die Fragerunden zu strukturieren und den Teilnehmern eine Orientierung zu geben. (Abb. 5.7 und 5.9).

Abb. 5.8 Namenskarten für alle Teilnehmer des Workshops

Wichtige und wiederkehrende Themenkreise sind beispielsweise: Identität des Unternehmens (Strategie, Vision, Kultur, Werte), Märkte, Produkte, Produktion, Mitarbeiter, Arbeitsplätze, Arbeitsabläufe, Prozesse, Arbeitszeiten, Kommunikation und Konzentration, soziale Struktur, Gebäudebestand, Standort, Grundstück, Erschließung, Sicherheit, Öffentlichkeit und Umweltbewusstsein. Dabei werden übergeordnete und abstrakte Themen idealerweise am Anfang der Workshops abgefragt, die konkreteren Themengebiete, wie Standort, Grundstück, Haustechnik etc. eher am Ende der Interviews.

Diese Themen variieren natürlich sehr stark und müssen immer auf das Projekt bezogen werden. Im Idealfall werden diese Themen mit dem Unternehmen gemeinsam abgesprochen und richten sich immer nach dem Projekt und der Aufgabenstellung.

Es empfiehlt sich sowohl die Themengebiete für ein Interview als auch für den gesamten Workshop zu visualisieren. Dies fördert die Transparenz der Vorgehensweise und die Teilnehmer wissen sowohl in der Interviewrunde als auch für die gesamte Workshopzeit immer exakt, welche Themen noch diskutiert werden und was auch in weiteren Workshoprunden noch zu erwarten ist.

In Abb. 5.7 sind verschiedene Möglichkeiten für einen beispielhaften Themenkreis abgebildet. So können beispielsweise die Zeiten und das Interviewthema in die verschiedenen „Bubble“ (siehe Zeichentechnik) eingetragen werden. Eine andere Möglichkeit ist es das Oberthema und die Unterpunkte einzutragen oder aber auch einen Oberbegriff mit einer entsprechenden Visualisierung.

Das Interview

Es empfiehlt sich bereits vor Start des Workshops alle Namen beidseits auf längs in der Mitte gefaltete Karten zu schreiben, wie in Abb. 5.8. Gegebenenfalls wird auch rechts unten der Bereich, die Firma oder die Behörde notiert, in dem die Person arbeitet, dies erleichtert die persönliche Ansprache und man weiß jederzeit mit wem man es zu tun hat.

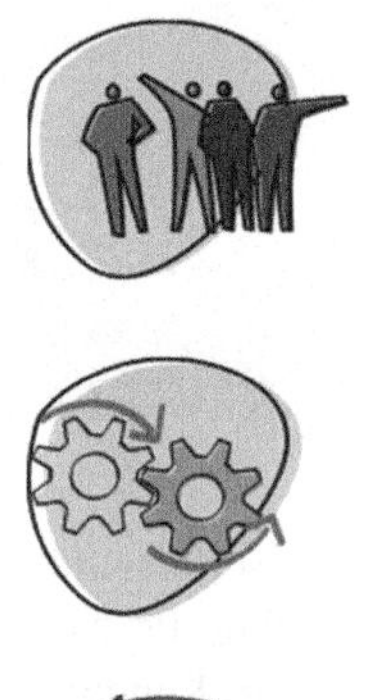

Organisation, Prozesse, Arbeitsweisen
- Aufgaben + Teilprozesse
- Tätigkeiten + Arbeitsweise
- Schnittstellen und Zusammenarbeit
- Information und Kommunikation

Arbeitsplätze
- Anforderungen aus Prozessen und Tätigkeiten
- Anforderungen an Arbeitsplätze
- Raumqualitäten

Arbeitsumfeld
- Besprechung und Zusammenarbeit
- Informelle und nicht geplante Kommunikation
- Supportflächen

Gebäude und Standort
- Flexibilität
- Wachstum
- Besondere Gebäudetechnik

Abb. 5.9 Beispielchart für einen Interviewleitfaden

Neben den visualisierten Themenkreisen sollte ebenfalls ein Interviewleitfaden in Stichpunkten erstellt werden. Dieser hilft dem Moderator alle Themen abzudecken und kann ebenfalls auf Karten oder einem Chart für die Teilnehmer visualisiert werden.

Beispiel für einen Interviewleitfaden für einen neuen Verwaltungsbereich, Abb. 5.9:

Organisation, Prozesse, Arbeitsweisen

- Aufgabenbereiche und Prozesse
- Tätigkeiten und Arbeitsweisen
- Schnittstellen, Austausch und Zusammenarbeit
- Information, Kommunikation und Konzentration

Arbeitsplätze

- Anforderungen aus Prozessen und Tätigkeiten
- Anforderungen an Arbeitsplätze, Sonderflächen, Teambereiche, Projektflächen
- Raumqualitäten

Arbeitsumfeld

- Besprechungen, Projekträume und Zusammenarbeit
- Informelle und nicht geplante Kommunikation, Begegnungsflächen
- Supportflächen

Gebäude und Standort

- Flexibilität und Variabilität
- Wachstum ja/nein
- Besondere Gebäudetechnik und Maschinen

Im Idealfall führen zwei Personen die Interviews durch, einer moderiert, der andere zeichnet. Beides in einer Person zu vereinen empfiehlt sich nicht, da der eine immer vorausdenken muss, während der andere das soeben gehörte verarbeiten soll. Können beide gut moderieren und zeichnen empfiehlt es sich, sich im Verlauf des Interviews auch abzuwechseln, da das konzentrierte Zeichnen auch sehr anstrengend sein kann. Während des Interviews leitet jeweils einer das Gespräch, der andere visualisiert das Gesagte auf Karten, gegebenenfalls auch auf Charts.

Die Karten werden nach Möglichkeit sofort aufgehängt, gut sichtbar, so dass jeder die Karten sehen und in etwa 5 m Entfernung auch lesen kann. Beispiel siehe Abb. 5.10. So finden sich die Teilnehmer wieder und werden auch immer wieder motiviert ihre Ideen einzubringen, da sie ganz klar erkennen, dass ihre Ideen, Meinungen und Informationen sonst verloren gehen.

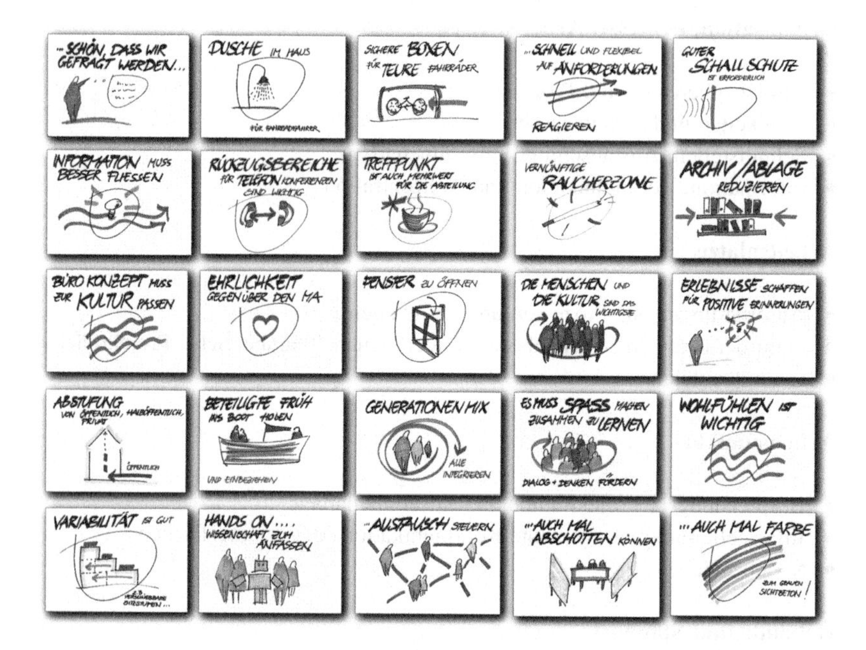

Abb. 5.10 Beispielkarten aus Interviews

Abb. 5.11 **a, b** Präsentation der Ergebnisse am Ende der Workshoprunde

Die Kartenwand

Alle Informationen werden nach dem Interview noch einmal vorgestellt und besprochen (Abb. 5.11a und b). Eventuelle Änderungen fließen sofort ein.

Anschließend wird die Kartenwand bei großen Projekten nach folgenden Kriterien sortiert: Ziele, Fakten, Konzepte und Bedarf unter der Berücksichtigung der Aspekte: Form, Funktion, Ökologie, Kosten und Zeit. Diese Aspekte werden bereits in den Interviews mitberücksichtigt und dienen auch in der Kartenwand als „unsichtbare" Struktur, die wesentlich ist, um die Vollständigkeit der Analyse zu gewährleisten. Nach Peña folgt darauf die Aufgabenstellung, die die Übergabe an das nächste Team darstellt, das die Problemlösung nach der nun erfolgten Problemsuche erarbeitet.

Bei kleineren Projekten oder Visualisierungen einzelner Gespräche entfallen die unterschiedlichen Aspekte und die Gliederung der Kartenwand erfolgt nur durch die Kopfkarten (Abb. 6.7d und 6.9a), die sozusagen die Überschriften der einzelnen Kartenreihen darstellen.

Durch die Kartenwand wird das Projekt lebendig und stellt einen echten Wissensraum dar, in dem man handeln kann. Das Projekt beginnt für alle Beteiligten real zu existieren.

Motivation durch Visualisierung und Teamarbeit

Komplexe Projekte brauchen eine breite und fundierte Informationsbasis. Die Kartentechnik erlaubt eine rasche und sinnvolle Einbindung von vorhandenem Know-how und aller Wissensträger. In den intensiven Workshops vor Ort lernen sich alle am Projekt Beteiligten kennen und können so das Projekt gemeinsam entwickeln.

Durch die Visualisierung aller Schritte und Ergebnisse ist der Projektstand jederzeit erkenn- und präsentierbar. Damit ist die Projektorientierung gegeben und eine Relativierung der persönlichen Interessen wird erleichtert. Entscheidungen werden durch Konsens herbeigeführt, notwendige Kompromisse werden von allen getragen und Widersprüche können sofort hinterfragt werden.

Diese Vorgehensweise schafft Vertrauen und bezieht alle Wissensträger von Anfang an in das Projekt und seine Entstehung mit ein und erhöht so auch die spätere Akzeptanz der gemeinsam erarbeiteten Lösung, siehe Abb. 5.12a–d.

Die Karte als visuelles Protokoll

Als Informationsträger haben sich Karten im Format DIN A5 bewährt. Pro Karte wird jeweils nur eine Information aufgenommen, so lassen sich die Karten bei Bedarf leicht umsortieren. Eine Einzelkarte ist wie ein „Telegramm". Mithilfe leicht verständlicher grafischer Symbole und einem knappen Text werden alle wesentlichen Informationen festgehalten. Jeder relevante Beitrag wird sofort

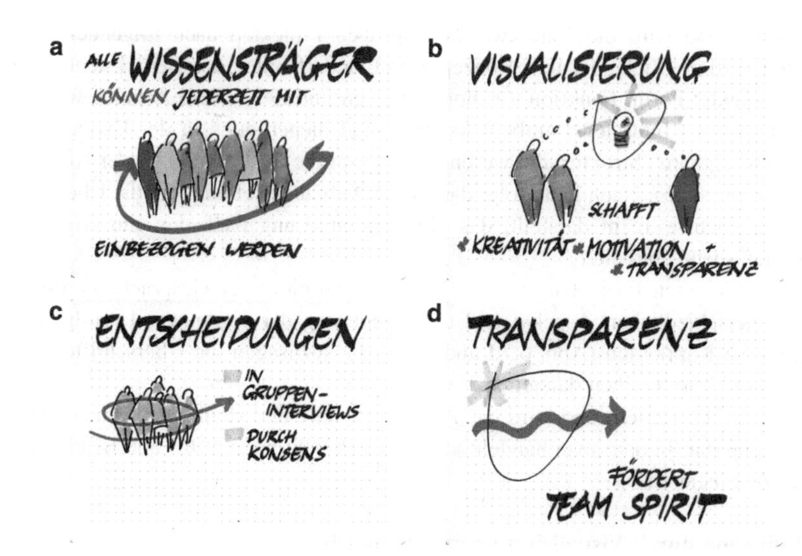

Abb. 5.12 **a–d** Zusammenfassung der Vorteile durch die Visualisierungstechnik

als wichtiges Ergebnis neutral und möglichst objektiv dargestellt. Diese simultane visuelle Protokollierung schafft Motivation und stärkt den Teamgedanken. Wichtig ist die gute Lesbarkeit einer Karte für alle Beteiligten.

Die Karten bieten neben ihrer einfachen Handhabung weitere Vorteile:

- Durch die ständige Sichtbarkeit können jederzeit Korrekturen und Anpassungen vorgenommen werden.
- Die Karten sind sofort und jederzeit geeignet den Stand des Projektes zu präsentieren.
- Durch die Kartenwand, die sich immer mehr vervollständigt, wird das Projekt sichtbar und für alle begreifbar.

Wendet man die Kartentechnik in einem Unternehmen an, sollten alle Zeichner die Karten in einem ähnlichen Modus zeichnen und gestalten. Besonders die Schrift sollte dieselbe sein. Nur so ist gewährleistet, dass ein harmonisches Ganzes entsteht. Es erleichtert auch die Wand final zu präsentieren, ohne Schwierigkeiten mit der Lesbarkeit zu haben. Individuelle Handschriften haben auf den Karten nichts verloren.

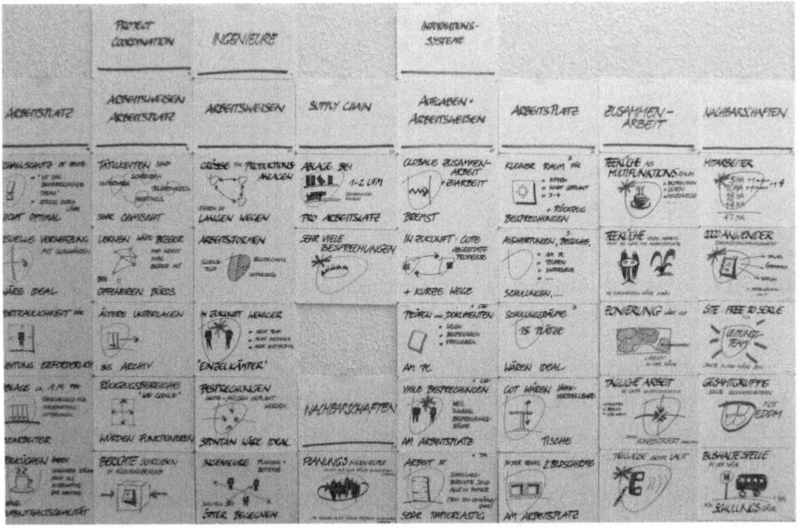

Abb. 5.13 Kartenwand während eines Workshops

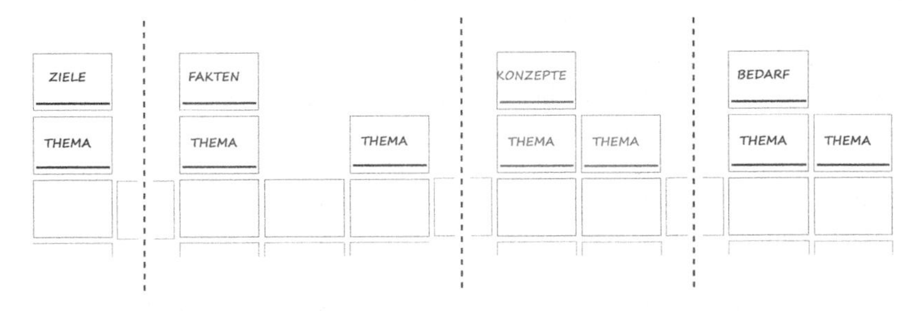

Abb. 5.14 Strukturierung einer Kartenwand

Die strukturierte Kartenwand

Schon während der Interviews werden simultan alle Informationen auf Karten festgehalten. Diese Informationen werden bereits in den Workshops thematisch zu Kartenreihen zusammengefasst, siehe Abb. 5.13.

Nach den täglichen Interviews wird die Kartenwand vom Team strukturiert, wie in Abb. 5.14 dargestellt. Dabei werden alle Karten unter die 4 Kategorien

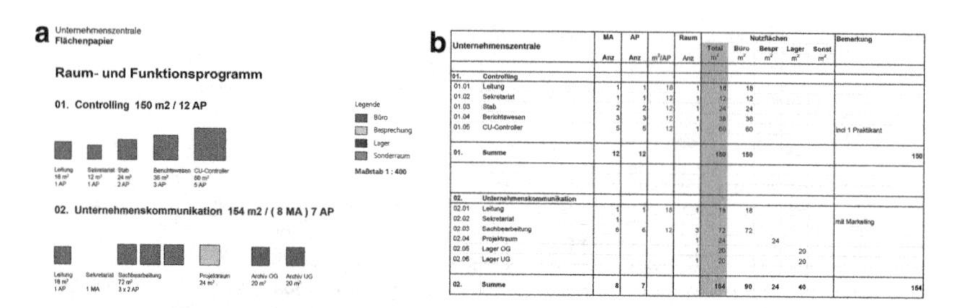

Unternehmenszentrale		MA	AP		Raum	Nutzflächen					Bemerkung
		Anz	Anz	m²/AP	Anz	Total m²	Büro m²	Bespr m²	Lager m²	Sonst m²	
01.	Controlling										
01.01	Leitung	1	1	18	1	18	18				
01.02	Sekretariat	1	1	12	1	12	12				
01.03	Stab	2	2	12	1	24	24				
01.04	Berichtswesen	3	3	12	1	36	36				
01.05	CU-Controller	5	5	12	1	60	60				incl 1 Praktikant
01.	Summe	12	12			150	150				150
02.	Unternehmenskommunikation										
02.01	Leitung	1	1	18	1	18	18				
02.02	Sekretariat	1									mit Marketing
02.03	Sachbearbeitung	6	6	12	3	72	72				
02.04	Projektraum				1	24		24			
02.05	Lager OG				1	20			20		
02.06	Lager UG				1	20			20		
02.	Summe	8	7			154	90	24	40		154

Abb. 5.15 **a** Flächenvisualisierung und **b** Flächenlisten

Ziele, Fakten, Konzepte und Bedarfe eingeordnet. Die 5. Kategorie Aufgabenstellung wird später formuliert. Sie ist die Zusammenfassung der Kartenwand und die Übersetzung aller Anforderungen in die nächste Phase der Bearbeitung.

Zu den jeweiligen Kartenreihen werden Kopfkarten (Abb. 6.7d und 6.9a) mit den einzelnen Themen geschrieben, die die Wand strukturieren. Man kann die Themen auf diesen Kopfkarten in unterschiedlichen Farben schreiben, entsprechend der übergeordneten Kategorien, Fakten und Konzepte. Dies erleichtert die spätere Zuordnung und den schnellen Überblick über die einzelnen Diskussionsthemen, die so auch gut präsentiert werden können.

Visualisierung der Funktionszusammenhänge und der Flächen

Für die Visualisierung der funktionalen Zusammenhänge eignen sich Charts besser als Karten, deshalb ist es wichtig immer Flip Charts mit dabei zu haben. Die verschiedenen Wichtigkeiten kann man mit unterschiedlichen Farben darstellen. Pfeile können die Abhängigkeiten zeigen. (Abb. 4.10).

Die qualitativen Informationen aus den Interviews und Workshops werden durch Zahlen zu Arbeitsplätzen, Flächen, Kosten (Umbaukosten, Kosten für Möbel etc.) und Terminen ergänzt. Die Zahlenerhebung beruht in den meisten Projekten auf tatsächlichen oder prognostizierten Mitarbeiter- und Arbeitsplatzzahlen.

Alle notwendigen Flächenbedarfe werden ermittelt und später in Excel Tabellen übertragen. Diese Flächen werden ebenfalls visualisiert, um einen besseren Überblick über Flächenanforderungen und Größenordnungen zu bekommen. Diese Charts erläutern zudem die Zusammenhänge zwischen Flächen, Massen und Kosten.

Auf den Flächencharts wird jeder Raum maßstäblich als Quadrat dargestellt, so wird eine zu frühe architektonische Darstellung vermieden (Abb. 5.15a und b). Diese Charts enthalten außerdem Angaben zu Quadratmetern (HNF, Hauptnutzfläche), Arbeitsplätzen und Mitarbeitern. Vor dem Computerzeitalter wurden diese Charts auf besonderem braunem Spezialpapier mit Kreide beschriftet und dienten dabei als weitere Diskussionsgrundlage an der weitergearbeitet wurde. Die quadratischen Flächen wurden dabei mit weißem, selbstklebendem Papier aufgeklebt. Notwendige Korrekturen – Kürzungen von Flächen oder zusätzliche Räume – konnten mit Kreide vorgenommen werden. Heute werden diese Charts mit CAD gezeichnet, ausgedruckt und mit Filzstiften bearbeitet.

In der Diskussion mit den Beteiligten sind diese Charts von großem Wert und erleichtern z. B. die Verhandlungen falls Einsparungen aus Kostengründen notwendig werden. Alle Beteiligte können so gut die unterschiedlichen Größen von Räumen abschätzen und besser erkennen was eventuell eingespart oder gegebenenfalls zusammengelegt werden könnte.

Die Kartentechnik ermöglicht die frühzeitige, kostenneutrale Optimierung, Alternativenbildung und Weichenstellung für das Projekt. Der kontinuierliche Prozess optimiert die Qualität der Grundlagen und senkt die Kosten für Planung und Bau. Die gründliche Klärung der Aufgabenstellung und die Effizienz der Vorgehensweise ermöglichen einen erfolgreichen und hochmotivierten Projektverlauf. Dabei wird immer die Unverwechselbarkeit des Projektes herausgearbeitet und die tatsächlichen Anforderungen ermittelt. Einzelmeinungen werden mit allen anderen Teilnehmern ausgetauscht und formen sich im Workshop zu Aussagen, die gemeinsam getragen werden. Die intensive Evaluierung aller Parameter führt zu wirtschaftlichen und gleichzeitig funktional sinnvollen Projekten.

Die Technik des Kartenzeichnens 6

Die Kartentechnik ist für jeden erlernbar. Um gute Karten erstellen zu können muss man nicht zeichnen oder malen können. Viel wichtiger ist es, Aussagen auf den Punkt zu bringen und dazu eine kurze Grafik als Symbol zu zeichnen, sodass alle Beteiligte das gleiche Bild vor Augen haben, wie schon gesagt: „ein Bild sagt mehr als 1000 Worte."

Das grafische Vokabular besteht aus der Komposition, einigen wenigen Symbolen, den verwendeten Farben, kombinierten Zeichen und der Schrift. Dabei ist wichtig, dass jede einzelne Karte ein Einzelmodul ist und immer nur eine wichtige Aussage enthält. So ist es möglich die Kartenwand immer wieder neu zu sortieren und entsprechend der Themen zu clustern. Die Grafik sollte möglichst prägnant, plakativ, gut lesbar und leicht erkennbar sein. So ist auch gewährleistet, dass die Kartenwand in ca. 5 m Entfernung während der Interviews für alle Beteiligten gut lesbar ist. Im Idealfall werden die Karten schon während der Interviews kontinuierlich aufgehängt, sodass alle sehen welche Notizen erfasst wurden.

Für eine harmonische Kartenwand ist es gut, eine einheitliche Komposition der Karten festzulegen, siehe Abb. 6.1a – d. Beispielsweise die Schrift oben und unten, das Symbol mittig und etwaige Anmerkungen seitlich. Diese Anmerkungen sind vor allem wichtig zur Präsentation der Karten.

Für die Symbole genügen ein paar simple Grafiken, mit denen man gut arbeiten kann: Bubbles, Pfeile, Sternchen, Figuren sowie stark reduzierte Grafiken, wie Autos, eine Feuerwehr, Bäume für Natur, eine Kaffeetasse für Pause und ähnliches.

Ein **Bubble** (Abb. 6.2a und b) kann für ganz viele unterschiedliche Dinge stehen. Es kann ein Mensch sein, eine Abteilung, ein Land, eine Gruppe, ein Raum und vieles mehr. Man kann Bubbles schraffieren, sie beschriften und damit

C. Kohlert, *Die Kartentechnik als erfolgreiches Visualisierungstool*, essentials,
https://doi.org/10.1007/978-3-658-31835-2_6

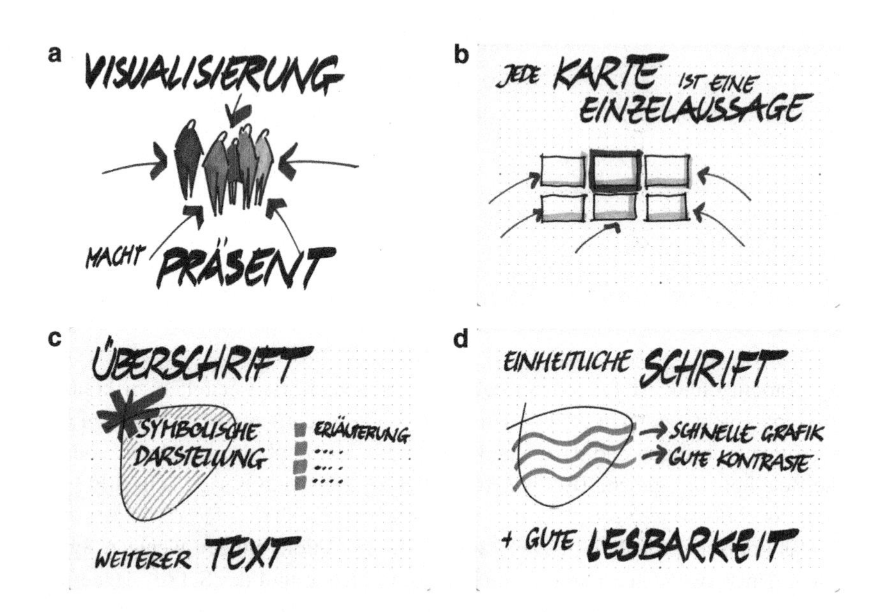

Abb. 6.1 a – d: Kartentechnik: Visualisierung schafft Präsenz, einheitliche Schrift und gleicher Aufbau der Karten

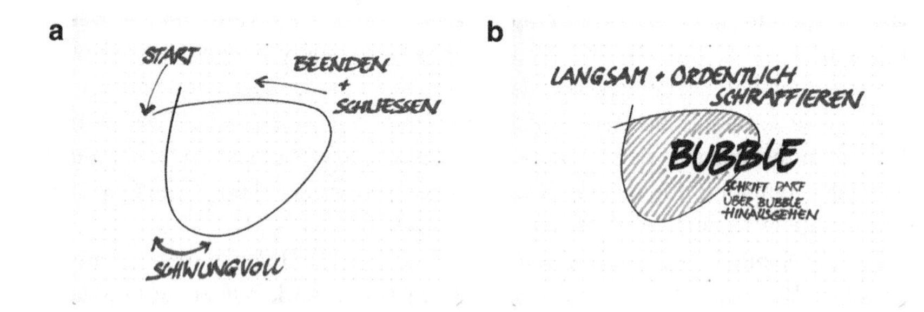

Abb. 6.2 a und b: Bubble zeichnen

eine Zeichnung umrahmen, um die Karte zu vervollständigen. Prinzipiell könnte man allein mit Bubbles die Karten zeichnen ohne weitere Symbole zu verwenden.

Das nächste sind **Pfeile** (Abb. 6.3a und b). Die kann man in verschiedenen Varianten zeichnen. Ein großer Pfeil kann beispielsweise für die Zukunft oder Fortschritt stehen. Pfeile können Bubbles verbinden oder auf wichtiges hinweisen.

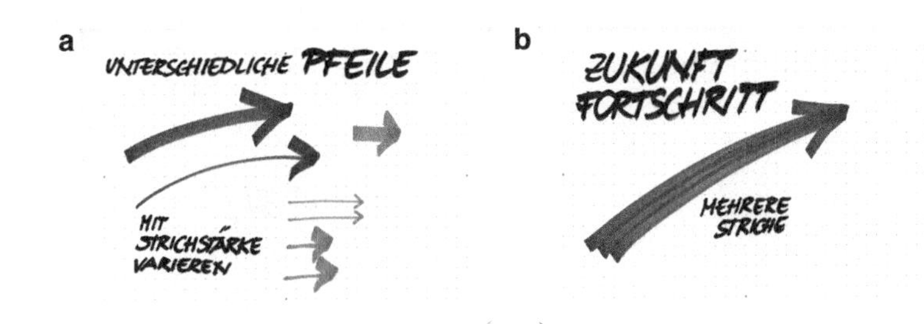

Abb. 6.3 a und b: Pfeile zeichnen

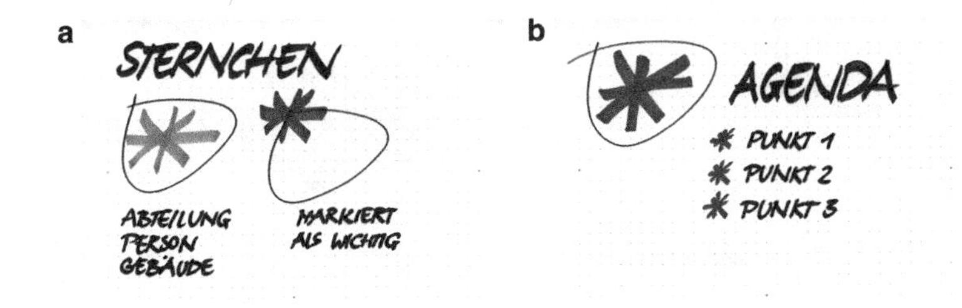

Abb. 6.4 a und b: Sternchen zeichnen

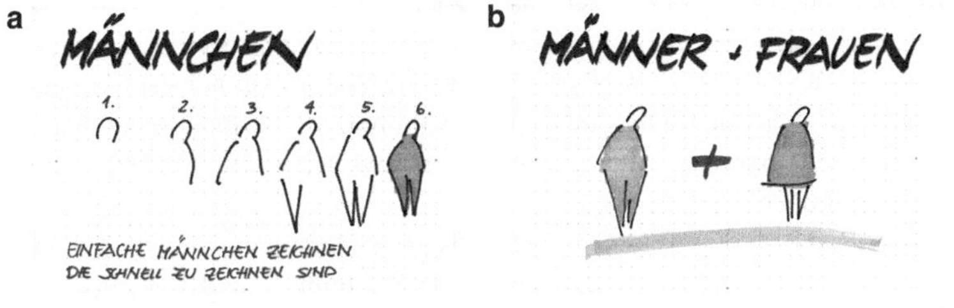

Abb. 6.5 a und b: Personen

Sternchen (Abb. 6.4a und b) können Aufzählungen markieren, ebenfalls wichtiges hervorheben, oder sie können auch für Personen und Gruppen stehen.

Persönlich wichtig finde ich **Figuren** (Abb. 6.5a und b), da es in allen Planungsprozessen immer um Menschen, ihre Bedürfnisse, Arbeitsweisen und

Abb. 6.6 a – d: Einsatz von Farbe

Prozesse geht. Hier muss jeder seine persönliche Figur entwickeln, die er möglichst schnell und einfach zeichnen kann.

Einzelne **Zeichnungen** richten sich immer nach dem jeweiligen Projekt. Ich selbst habe auch viel für die Pharma- und die Automobilindustrie geplant. Da empfiehlt es sich, sich mit Autoteilen, Motoren und Laborausstattung vorab etwas zu beschäftigen, um diese in den Interviews schnell und trotzdem treffend zeichnen zu können.

Farben (Abb. 6.6a – d) können ebenfalls zur Unterstützung eingesetzt werden. Sie können Bewegung, Dominanz, aber auch Wichtigkeit und Natürlichkeit ausdrücken. Dabei ist es gut dezente Farben zum Ausmalen zur Verfügung zu haben, wie ein helles Blau oder Grau. Setzt man Rot oder Orange ein, so bedeutet dies eine besonders hohe Wichtigkeit, sollte also sparsam verwendet werden.

Die **Schrift** (Abb. 6.7a – d) ist ein ganz wesentlicher Teil einer Karte. Viele denken die Icons zu zeichnen ist am schwierigsten, aber eigentlich ist es viel schwieriger ein gutes, einheitliches Schriftbild zu erzeugen und dabei das Wesentliche zu erfassen. Deshalb ist es besonders wichtig die Schrift gut zu üben.

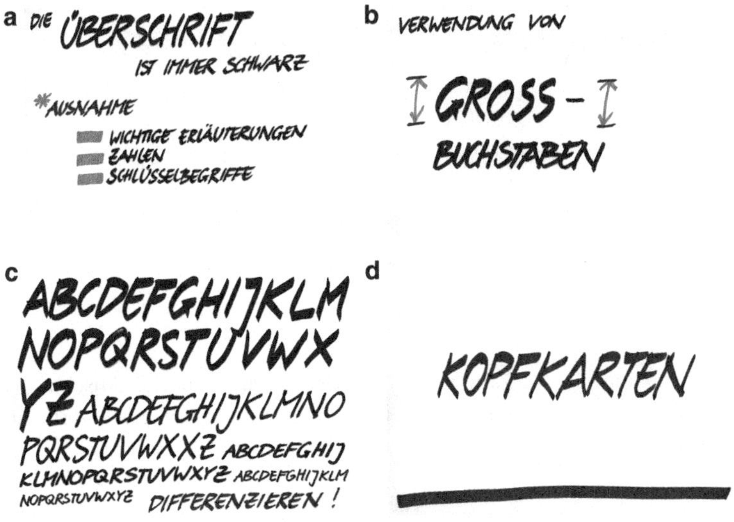

Abb. 6.7 a– d: die Schrift und die Kopfkarte zur Strukturierung

Dabei wird immer nur in Versalien geschrieben und die Schrift leicht nach rechts geneigt. Schriftfarbe ist immer schwarz, Ausnahme sind die Kopfkarten (Abb. 6.7d) und besonders wichtige Anmerkungen, die in Rot geschrieben werden können. Die kompakte Schrift und der Kalligrafie Stift unterstützen dieses Erscheinungsbild der Schrift. Durch Übung bekommt man ein gutes Gefühl für die Länge der Wörter und kann gut einschätzen, wie man die Worte am besten anordnet. Dabei wird das Wichtigste größer geschrieben, um es besonders hervorzuheben. Natürlich sollte man die Schrift in jeder Größe gleich schreiben, vergleichbar mit einer Computerschrift: in einem Brief würde man auch nicht mehrere verschiedene Schriftarten verwenden.

Die Gesamtkomposition

Am Ende werden diese Symbole zusammen mit der Schrift zu einer Gesamtkomposition (Abb. 6.8a und b). So können etwa 2 Figuren mit einem Pfeil in der Mitte für Kommunikation stehen. Sie können mit einem Bubble zusammengefasst werden und ein Sternchen markiert die Wichtigkeit solcher Dialoge in einer Organisation. (Abb. 6.9b). Dabei sollte man immer wieder darauf achten nicht zu viel Information auf eine Karte zu packen, je reduzierter um so besser. Und nicht vergessen, ein Architekturentwurf hat auf diesen Karten nichts verloren, es geht

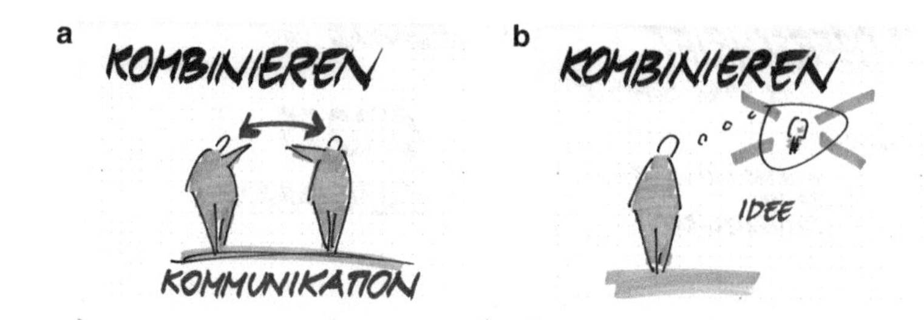

Abb. 6.8 a und b: Kompositionen Beispiele

um die Erfassung der Anforderungen und der Bedarfe, erst im Anschluss wird eine Lösung erarbeitet, wenn man alle notwendigen und wichtigen Informationen gesammelt hat.

Immer wiederkehrende Beispielkarten

Aus der Erfahrung vieler Interviews in unterschiedlichen Workshops sind die folgenden entstanden. Sie zeigen immer wiederkehrende Wünsche und Bedarfe und sollen dazu dienen zu zeigen, wie und auf welche Art man schnell Karten zeichnen kann. Diese Karten können ebenfalls als Inspirationsquelle für erste eigene Motive dienen, sie sind eine Kartenreihe zum Thema „Projektvision". Das Thema erscheint als Kopfkarte (Abb. 6.9a), darunter die verschiedenen Karten, die in den Interviews diskutiert und festgelegt wurden. (Abb. 6.9b – j).

Üben – für die eigene Fertigkeit

Ohne Übung lernt man nicht schnell, gut und präzise zu zeichnen und Dinge auf den Punkt zu bringen. Man muss die eigene Fertigkeit schulen. Als sehr hilfreich erweist es sich, die eigene Arbeit mit der Kartentechnik zu begleiten. Man kann beispielsweise die eigenen Projekte visualisieren und Arbeitsstände und erledigte Aufgaben darstellen.

Für Besprechungen kann man die Agenda, für alle sichtbar, auf Karten darstellen. In die Bubble kann man die Uhrzeit schreiben, die Nummer der Tagesordnungspunkte oder einfach einen Stern oder man lässt sie frei und hakt die abgearbeiteten Punkte ab (Abb. 6.10).

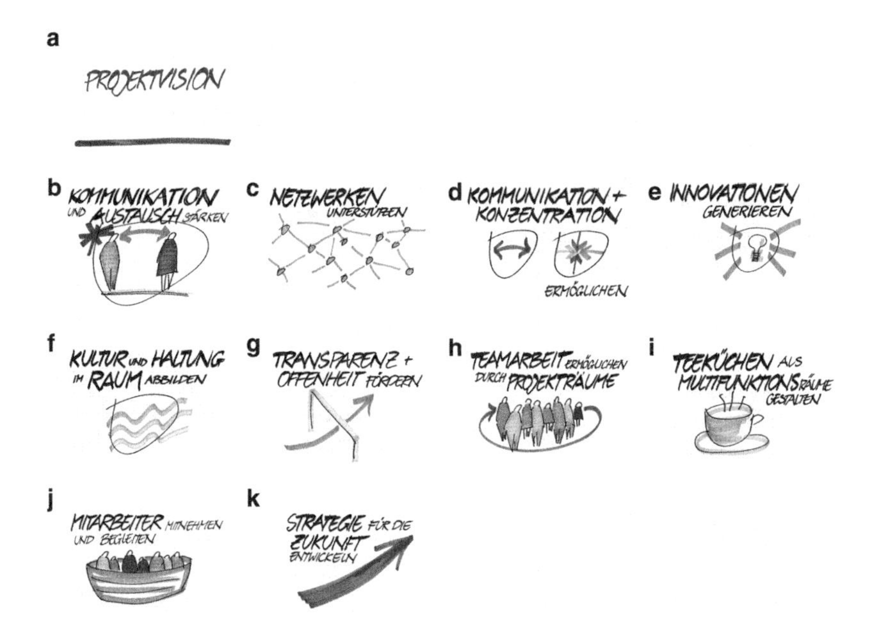

Abb. 6.9 a – j: Kartenreihe mit typischen, immer wiederkehrenden Aussagen

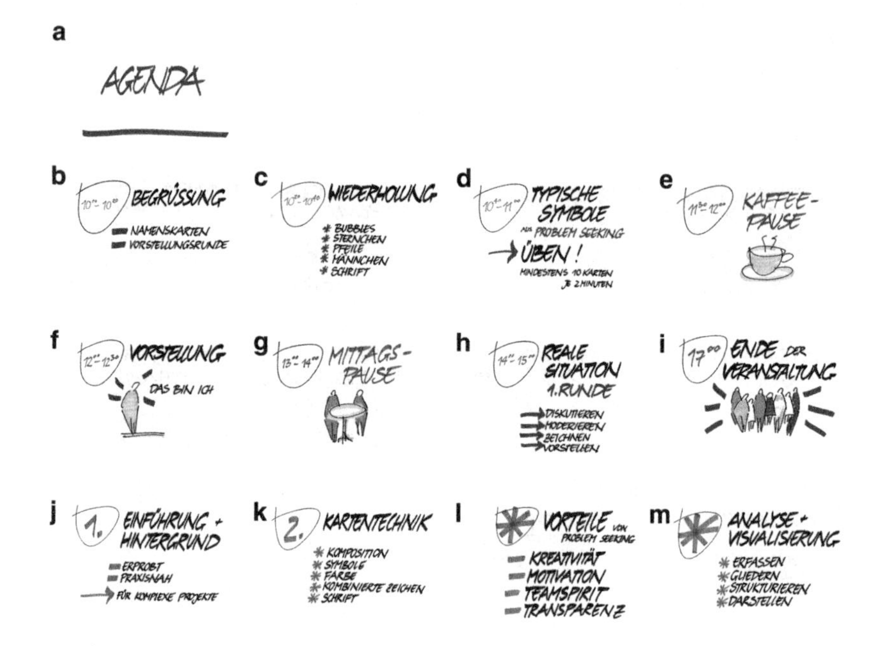

Abb. 6.10 a – m: Beispiele für Agenda Karten, mit Uhrzeit, Nummerierung und Sternchen

7 Beispiele aus der Praxis im Ausland

Die Kartentechnik eignet sich hervorragend für Workshops (im Ausland, besonders dann), wenn nicht alle die gleiche Sprache sprechen. Durch die Bilder können alle verstehen was in den Workshops diskutiert wird. Als besonders hilfreich erweist es sich, wenn man sich die wesentlichen Aussagen auf den Karten oder Charts in die jeweilige Landessprache übersetzen lässt.

Besonders in Ländern, in denen viele Menschen kein Englisch sprechen, dies aber die gängige Workshopsprache ist, ist dies sehr hilfreich. Beispielsweise in China oder afrikanischen Ländern, wo sehr viele ausländische Firmen tätig sind und Diskussionen mit vielen Mitarbeitern führen, sind solche visuellen Protokolle besonders wichtig und helfen allen Beteiligten, die Zusammenhänge besser zu verstehen und zu erfassen. In den Pausen versammeln sich alle vor den Karten und Charts und sehen sich interessiert alle Informationen an. Meist startet dadurch eine lebhafte Diskussion und die Teilnehmer sind motiviert und engagiert.

Beispiel Kosovo

In Junik, einer Gemeinde im Westen des Kosovo, ging es um die Erhaltung des Kultur- und Naturerbes im Kosovo nach dem Krieg. Die Gemeinde hatte ein Budget für die Renovierung traditioneller Häuser bereitgestellt und sich gleichzeitig um Projekte beworben, die die lokale Entwicklung und die Infrastruktur verbessern sollten. Ziel war es eine ausgewogene und nachhaltige Entwicklung und die Umsetzung europäischer Werte und Standards zu erreichen, durch die Integration des Kosovo in eine breitere europäische Kultur.

Start war die Restaurierung der Kulla Oda e Junikut, einer der wehrhaften Wohntürme, eines der kulturhistorisch wertvollen Gebäude – ursprünglich für Großfamilien konzipiert aber auch für einen vorübergehenden Aufenthaltsort für die von einer Blutrache verfolgten Männer eines Klans. Davon ausgehend wurde

C. Kohlert, *Die Kartentechnik als erfolgreiches Visualisierungstool*, essentials,
https://doi.org/10.1007/978-3-658-31835-2_7

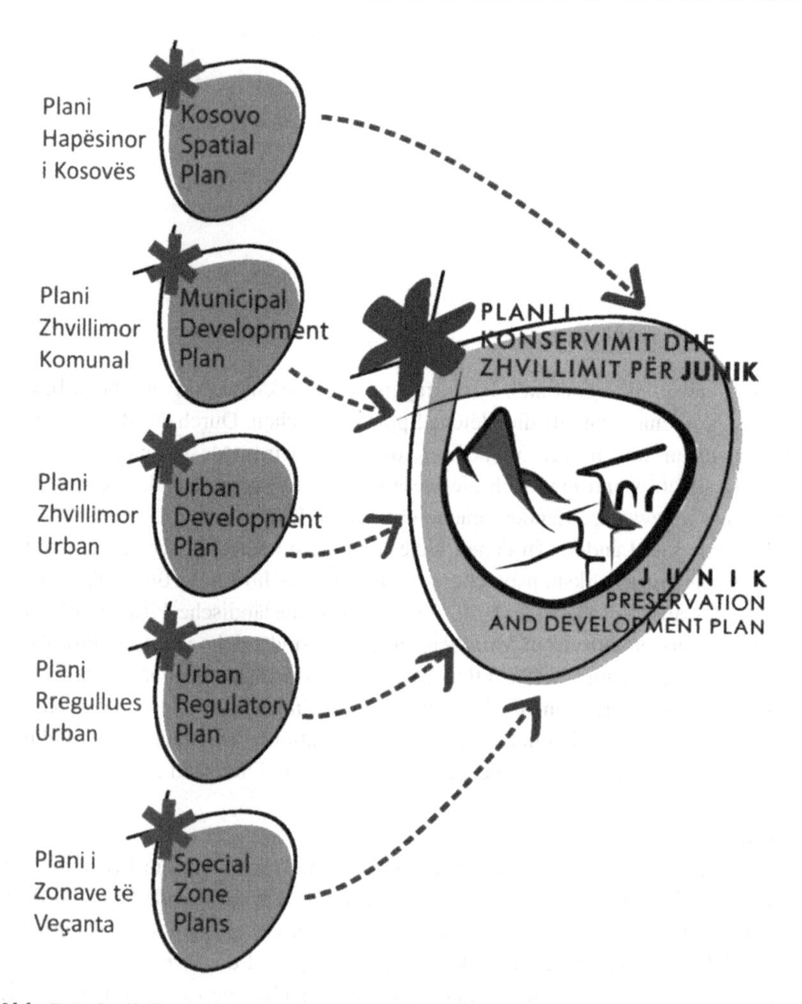

Abb. 7.1 Junik Bestandserhaltungs- und Entwicklungsplan

ein städtischer Entwicklungsplan erstellt, der sich unter anderem mit möglichen neuen Nutzungen der verbliebenen Kullas beschäftigte.

Ziel war es, alle Bewohner von Junik in den Prozess der Entwicklungsplanung (Abb. 7.1) sowie in die Findung neuer Nutzungen für die vorhandenen Kullas einzubinden. Cultural Heritage without Boarders erhielt diesen Auftrag zusammen

Abb. 7.2 a – c: Workshop in Junik

mit der Autorin. Dazu wurden mit Hilfe von Studenten aus der Universität in Prishtina Begehungen gemacht, Beobachtungen durchgeführt und diverse Interviews geführt. Anschließend wurden im Gemeindehaus in Junik Visions-Workshops mit allen Interessensvertretern der Stadtverwaltung mithilfe der Kartentechnik abgehalten, teilweise in Englisch, teilweise in albanisch. Alle wesentlichen Karten wurden ins Albanische übersetzt, sodass sie für alle verständlich waren.

Dieser Ansatz ermöglichte, unterschiedliche Visionen der Beteiligten festzuhalten und zu diskutieren. Widersprüchliche Punkte konnten gemeinsam entwickelt, Ideen offen diskutiert und für alle sichtbar gemacht werden, siehe Abb. 7.2a – c.

Diese Vorgehensweise hatte eine sehr hohe Akzeptanz bei der Bevölkerung und wurde in der gesamten, mehrjährige Projektlaufzeit so beibehalten. Die Bewohner entwickelten Interesse, ihre alten Kullas zu erhalten und sammelten dazu Ideen wie dies möglich und sinnvoll sein könnte, siehe Abb. 7.3. Darüber hinaus entstand ein Zusammenhalt in der Gemeinde und jeder wollte mitwirken Junik zu verschönern, zu verbessern und weiter zu entwickeln. Sicher zu einem großen Teil auch das Verdienst dieser transparenten Methode.

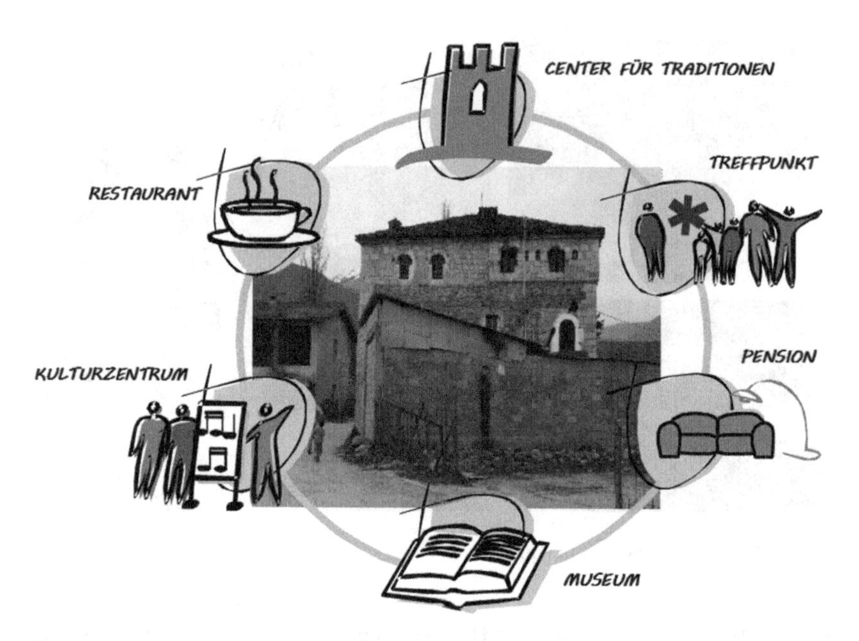

Abb. 7.3 Vorschläge für neue Nutzungen für Kullas, erarbeitet von den Einwohnern in Junik

Beispiel Afrika

Ein weiteres Beispiel ist Dar es Salaam in Tansania/Ostafrika. Die Verbesserung der Lebensbedingungen in den ungeplanten Siedlungen war Teil des „Sustainable Cities Program" der UN Habitat, deshalb wurde dies in das Lehrprogramm der Universität integriert. Als Dozentin für Stadtentwicklung hatte die Autorin die Aufgabe mit den Studierenden die Bewohner der „unplanned settlements" zu befragen und mit ihnen Verbesserungsvorschläge für ihre Lebensbedingungen vor Ort zu erarbeiten und darauf zu achten, dass diese auch umgesetzt wurden.

Treibendes Element war die Partizipation der betroffenen Bevölkerungsgruppen und die realistische Umsetzung kleiner und kleinster Projekte in den einzelnen Vierteln. Alle Begehungen wurden mit der Kartentechnik visualisiert. Die Nutzer wurden von Anfang an einbezogen und ein persönliches Verhältnis von Studierenden, Betreuern und Bewohnern aufgebaut. So konnten alle Umsetzungen intensiv betreut werden. In Ländern wie Tansania, in denen man in so vielen verschiedenen Sprachen agieren muss, sind solche Visualisierungsmethoden mit bildhaften Darstellungen von unschätzbarem Wert, um einen lebhaften Dialog entstehen zu

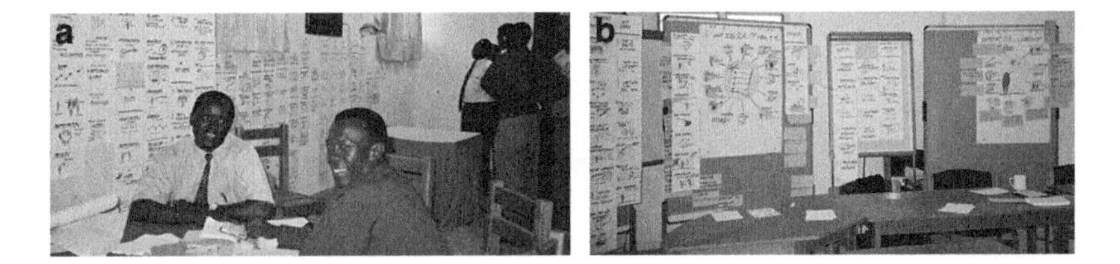

Abb. 7.4 a und b: Workshops in Afrika

lassen. Alle Wünsche und Bedürfnisse der Bewohner wurden auf den einzelnen Karten zu den unterschiedlichen Themengebieten gesammelt und anschließend auf Postern bildlich visualisiert sowie in Kisuaheli übersetzt, die alle verbindende Sprache. Diese Poster verblieben in einem Versammlungshaus vor Ort, sodass jeder alle Ideen und die Fortschritte sehen konnte, siehe Abb. 7.4a und b.

Auch Anleitungen und Modelle wurden dort platziert, sodass die Bewohner alles selbst umsetzen konnten. So wurden beispielsweise neue Abwasserkanäle gebaut, Verkaufsstände errichtet und Spielplätze aus alten Autoreifen für die Kinder kreiert. Es entstand ein sehr herzliches Verhältnis zwischen allen Beteiligten und jeder hat voneinander gelernt, nicht zuletzt die Architekturstudenten, die eine praxisnahe Ausbildung durchlaufen und gelernt haben, wie wichtig Visualisierung und frühzeitige Einbindung der zukünftigen Nutzer sind.

8 Zusammenfassung

Visuell geprägte Tools helfen bei der Darstellung der unterschiedlichen Problemstellungen und dienen einer profunden und wesentlich exakteren Lösungsfindung. Alle Beteiligten haben das gleiche Bild vor Augen und können sofort in eine Diskussion auf gleichem Niveau einsteigen, ohne gegenseitige Missverständnisse und weitere Erklärungsbedarfe.

Die Methode eignet sich besonders

- um komplexe Zusammenhänge
  - zu erfassen
  - zu strukturieren
  - zu gliedern und
  - darzustellen
- die Visualisierung unterschiedlichster Projektphasen
- zur Gliederung und Strukturierung der eigenen Arbeit
- als Storyboard für Prozesse, Filme und Geschichten
- zur Moderation und als visuelles Protokoll von Workshops
- zur Arbeit mit
  - fremdsprachigen Partnern
  - in anderen Ländern
- in Form von Karten und Charts zur Präsentation von Projekten
- zur Entwicklung einer „eigenen" visuellen Sprache
  - Grafik auf Karten per Hand
  - Grafik am Computer, z. B. mit Illustrator, Mural, Whiteboard etc.
- insgesamt zur übersichtlichen Gliederung und Darstellung
  - der eigenen Arbeit
  - von Projekten

C. Kohlert, *Die Kartentechnik als erfolgreiches Visualisierungstool*, essentials,
https://doi.org/10.1007/978-3-658-31835-2_8

– Präsentationen, etc.

Die visuelle Erarbeitung der Nutzeranforderungen unterstützt den Bauherrn und die späteren Nutzer dabei, ihre Bedarfe und Forderungen besser und genauer zu formulieren und zeigt ihnen auf, was die Konsequenzen für diese Anforderungen sind. Die zu erwartenden Kosten und die Wirtschaftlichkeit können auf dieser Basis exakt ermittelt und notwendige Einschränkungen vorgenommen werden.

Bedarfsplanung ist ein wichtiges Instrument, um den Projekterfolg zu sichern. Durch sie muss gewährleistet sein, dass bei Bauprojekten jeglicher Art und Größe technische, soziale, ökologische, betriebswirtschaftliche und ästhetische Aspekte berücksichtigt werden. Bei einem Bauprojekt wird am Anfang definiert, was geplant und gebaut werden soll. Die wesentlichen Ziele und Bedingungen müssen damit bereits vor Planungsbeginn festgelegt werden. Die Kartentechnik ist dabei eine ganz wesentliche Methode, mithilfe der Visualisierung die notwendige Struktur und Klarheit in die Aufgabenstellung zu bringen und alle notwendigen Parameter für alle sichtbar und damit diskutierbar zu machen.

Wichtig ist, die Zielsetzung eines Projektes zusammen mit Bauherrn und Nutzer gemeinsam zu definieren. Dazu braucht es aber eine gute Moderation. Diese kann die Kartentechnik sehr gut leisten und dazu auch noch alle Ergebnisse für alle sichtbar visualisieren. Man kann mögliche Varianten und verschiedene Szenarien in einer ganz frühen Phase durchspielen, ohne später hohe Änderungskosten zu erzeugen. Zudem öffnet diese offene Ideenfindung Motivation und ungeahnte Kreativität. Sie ist interdisziplinär und eine hervorragende Teamleistung.

Das gründliche und passgenaue Analysieren aller Anforderungen führt zum besseren Verständnis der Vision und der Strategien einer Organisation und damit am Ende zu einer passgenauen Lösung. Ein kontinuierlicher Abgleich aller Anforderungen mit weiteren Fokusgruppenworkshops garantiert, dass Entscheidungen richtig und rechtzeitig getroffen werden und verhelfen so jedem Projekt zum Erfolg.

Alle quantifizierbaren Parameter werden mithilfe der Kartentechnik und bei Bedarf ergänzenden weiteren visuellen Tools erfasst und in wirtschaftliche und funktional vernünftige Projekte übersetzt. Am Ende des Prozesses ist die Aufgabenstellung eindeutig definiert und die Anforderungen sind exakt formuliert.

Ein weiterer ganz wesentlicher Vorteil ist die einfache Handhabung der Karten. Man benötigt keinen Computer, keine weitere Technik, Stifte und Karten sind ausreichend. Man sitzt gemeinsam um einen Tisch und diskutiert alle wichtigen Fragen. Diese werden sofort für jeden sichtbar und transparent aufgehängt und stehen ständig zur Verfügung für Rückblicke ebenso, wie für eine abschließende Präsentation, die noch einmal allen die Möglichkeit gibt Änderungen oder Ergänzungen einfließen zu lassen.

Darüber hinaus kann diese Technik für jede Art von Workshop oder Strukturierungen eingesetzt werden. Sie ist ein hervorragendes Tool für Teamarbeit – ob analog oder virtuell.

9 Ausblick

Mittlerweile hat sich mein persönliches Aufgabenfeld von großen Architekturprojekten gewandelt und ich wende die Kartentechnik vor allem für die Visualisierung in Workshops und Einzelinterviews an. Dazu verwende ich Kopfkarten zu den besprochenen Themen, ohne Unterscheidung in Fakten und Konzepte, da es vor allem um die Protokollierung der Workshops geht.

Seit 30 Jahren verwende ich diese Methode in den unterschiedlichsten Situationen, Projekten und Ländern und immer ernte ich viel Lob und Begeisterung für die hohe Transparenz, die Klarheit der Struktur und die hervorragende Zusammenfassung der Themen. Unter anderem habe ich für einen Film das Storyboard gezeichnet, politische Diskussionen aufbereitet und juristische Symposien begleitet. Eigentlich gibt es kaum Grenzen für die Verwendung der Methode der Kartentechnik.

Zum Thema Digitalisierung: Immer wieder wurde versucht die Karten am Computer zu generieren, aber der besondere Charme der Methode liegt ja gerade darin, dass man keinerlei Technologie benötigt. Nur mit den Karten und ein paar Stiften kann man sofort ohne großen Aufwand loslegen. Man sitzt gemeinsam um einen Tisch und führt ein Gespräch auf Augenhöhe mit allen Beteiligten. Obendrein wird es sofort visualisiert und damit alle wichtigen Punkte festgehalten.

Allerdings haben sich die Zeiten 2020 durch Corona und die stark eingeschränkten Reisen geändert. So finden mittlerweile viele Workshops online statt und die Karten können beispielsweise mit dem Computer, mit Programmen wie Paint oder einem anderen Zeichenprogramm gezeichnet werden. Je nach Programm kann man die Karten online anordnen und gemeinsam sortieren. Auch Programme wie doodly, die es erlauben eigene Symbole einzuladen und einen

C. Kohlert, *Die Kartentechnik als erfolgreiches Visualisierungstool*, essentials,
https://doi.org/10.1007/978-3-658-31835-2_9

Abb. 9.1 Kartentechnik mit dem Computer, gezeichnet in Mural

Film zum Workshop zu zeichnen, eignen sich sehr gut zur Visualisierung. Persönlich habe ich dabei mit Mural als Programm gute Erfahrungen gesammelt, das es neben dem gemeinsamen Beschriften und Brainstormen auch zulässt, Karten zu zeichnen, siehe Abb. 9.1. Auch mit Whiteboard von Microsoft lässt sich sehr gut ein Workshop online aktiv und kreativ mit mehreren Beteiligten durchführen.

Doch eines bleibt immer wichtig: Üben Üben Üben.... Nur die Übung macht den Meister! Und man muss auch selbst Spaß dabei haben und den Wert der Technik selbst schätzen und lieben – dann gelingen auch hervorragende Karten und die Bewunderung aller Beteiligten ist ihnen sicher.

Viel Spaß dabei wünscht

Christine Kohlert, Verfechterin der Kartentechnik mit Herz und Überzeugung.

Was Sie aus diesem *essential* mitnehmen können

- Sie haben die Methode verstanden, können sie durchführen und deren Prinzipien erläutern
- Eine Inspiration wie sie kreative Workshops gestalten können.
- Wie sie Workshops, Gespräche und Interviews effizient durchführen und dabei die Ergebnisse für alle sichtbar darstellen können, um so alle Beteiligten mit einzubeziehen.
- Nachdem sie den „Zeichenkurs" durchlaufen und das Prinzip verstanden haben, können sie selbst Karten gestalten und Workshops mit der Kartentechnik durchführen sowie diese visualisieren.

C. Kohlert, *Die Kartentechnik als erfolgreiches Visualisierungstool*, essentials, https://doi.org/10.1007/978-3-658-31835-2

Weiterführende Literatur

Cherry, Edith: programming for design, Wiley, New York, 1999
Duerk, Donna P.: Architectural Programming – Information Management for Design, Wiley & Sons, New York, 1993
Henn, Gunter: „Programming-Methode“, in „Merck Innovation Center Entwicklung einer neuen Typologie“, DETAILinside 02/18, Seite 57
Henn, Gunter: „Programming“, Vorlesungsreader Technische Universität Dresden, SS 2001 bis SS 2015
Hershberger, Robert G.: Architectural Programming and Predesign Manager, McGraw-Hill, New York, 1999
Kohlert, Christine; Scott Cooper: Space for CREATIVE Thinking – Design Principles for work and Learning environments, Callwey, München, 2017, S. 209–239
Kuchenmüller, Reinhard: Baubezogene Bedarfsplanung, in DAB (Deutsches Architektenblatt) 5/97 S. 705–708
Kumlin, Robert: “Architectural Programming: Creative Techniques for Design Professionals”, McGraw Hill, New York, 1995
Peña, William M., Parshall, Steven A.: “problem seeking – an architectural programming primer” 5th edition, Wiley, New York, 2012
Piotrowski, Christine M.: “Problem Solving and Critical Thinking for Designers”, Wiley, Hoboken, 2011
Preiser, Wolfgang F. E.: Professional Practice in Facility Programming, Van Nostrand Reinhold, New York, 1993
Salisbury, Frank: briefing your architect, Architectural Press, Oxford, 1998
Sanoff, Henry: Methods of Architectural Programming, Dowden Hutchingson & Ross, Stroudsburg, Pennsylvania, 1977
Schnoor, Carsten: Bedarfsplanung. Marktnische für Architekten, 1/2002, in: Deutsches Architekten Blatt, S. 43.

C. Kohlert, *Die Kartentechnik als erfolgreiches Visualisierungstool*, essentials,
https://doi.org/10.1007/978-3-658-31835-2

Grafiken und Bilder

Alle hand- und computergezeichneten Grafiken sind von mir selbst gezeichnet, viele sind in Workshops entstanden

Die Computer-Grafiken Abb. 4.5, 4.6 und 4.14 entstanden in meiner Zusammenarbeit mit Drees & Sommer Marketing 2018

Abb. 1.1 entstand in einem Workshop während meiner Arbeit bei rheform.

Abb. 2.2, 4.2a/b, 4.3, 5.5a–f, 6.1a–d, 6.6a–d und 6.7a–d sind nach HENN Programming® von der Autorin gezeichnet

Alle Fotos stammen aus von mir durchgeführten Workshops, die Fotos 4.12a und 15b entstanden in Workshops während ich für HENN tätig war, Foto 4.9c wurde vom Fotografen Peter Neusser für die RBSGROUP, part of Drees & Sommer gemacht.